钢箱梁横隔板疲劳开裂机理与损伤修复研究

陈卓异　李传习　曾国东　著

中国石化出版社

内 容 提 要

本书围绕钢箱梁横隔板疲劳开裂机理与损伤修复技术,调研了国内外多座钢箱梁的疲劳病害,对其疲劳裂纹进行了总结和归类,探索了切割和焊接残余应力对钢箱梁疲劳性能的影响,基于监测数据对钢箱梁横隔板–U肋连接焊接、U肋对接焊缝的疲劳可靠性进行分析,明确了钢箱梁横隔板的疲劳开裂机理及其影响因素,对比分析了钢箱梁横隔板疲劳病害的常规处置方法,初步开展了胶接碳纤维板修复钢板的界面力学性能,计算分析了碳纤维板加固横隔板(钢板)的力学行为,为采用碳纤维板加固横隔板的疲劳损伤奠定了基础。

本书可供从事钢箱梁或正交异性桥面板加固、设计、施工和研究的工程技术人员参考,也可作为高等院校桥梁专业研究生和高年级本科生的教学参考用书。

图书在版编目(CIP)数据

钢箱梁横隔板疲劳开裂机理与损伤修复研究/陈卓异,李传习,曾国东著.—北京:中国石化出版社,2020.6
ISBN 978-7-5114-5833-9

Ⅰ.①钢… Ⅱ.①陈… ②李… ③曾… Ⅲ.①钢箱梁–隔板–疲劳–开裂–反应机理–研究②钢箱梁–隔板–疲劳–开裂–损伤–修复–研究 Ⅳ.①TU323.3

中国版本图书馆 CIP 数据核字(2020)第 090120 号

中国石化出版社出版发行

地址:北京市东城区安定门外大街 58 号
邮编:100011 电话:(010)57512500
发行部电话:(010)57512575
http://www.sinopec-press.com
E-mail:press@sinopec.com
北京艾普海德印刷有限公司印刷
全国各地新华书店经销

*

710×1000 毫米 16 开本 10.75 印张 205 千字
2020 年 8 月第 1 版 2020 年 8 月第 1 次印刷
定价:58.00 元

前　言

　　钢箱梁具有自重轻、承载力高、适用范围广、便于工厂化制造等突出优点，是大跨度桥梁中首选的上部结构，在全世界范围内得到了广泛的应用。钢箱梁桥中钢桥面板兼具主梁结构的组成部分和桥面板结构两种功能；同时，为了在高强度和轻质两个矛盾的约束条件下找到合理的平衡，一般根据桥梁结构对钢桥面板受力特性的实际需求，采用密布纵向加劲肋，加劲顶板，而横向加劲肋的布置间距远较纵向加劲肋大，导致钢桥面板纵桥向和横桥向的局部刚度存在显著差异，因此钢桥面板又常被称为"正交异性钢桥面板"。由于钢箱梁的桥面板构造复杂，其焊缝连接位置或横隔板开孔位置容易产生疲劳损伤，已经成为桥梁工程领域的难题。

　　本书主要针对钢箱梁中常见的横隔板疲劳病害，对其开裂机理和修复加固技术进行研究，旨在减少此构造细节的疲劳病害，并对已有病害进行有效修复，以提高钢箱梁的疲劳寿命和耐久性。本书开展了实桥轮载试验，测试了钢箱梁横隔板-U肋连接位置的轮载应力谱，对其切割和焊接残余应力进行有限元模拟和试验测试，并采用实桥监测数据分析了此处横隔板位置和U肋底板的疲劳可靠性，提出了钢箱梁横隔板的疲劳开裂机理，并进一步开展采用碳纤维板对钢板进行加固的基础研究。

　　作者有幸得到了国家自然科学基金项目（51708047，51778069）、湖南省自然科学基金项目（2019JJ50670）、湖南省教育厅优青项目（19B013）、广东省交通科技项目（科技-2016-02-010）等课题和长沙理工大学、佛山市路桥建设有限公司、中铁(宝桥)有限公司的支持。开展了钢箱梁横隔板疲劳开裂机理和防治技术方面的研究工作。这些成果主要归功于博士后合作导师李传习教授的高屋建瓴和辛苦指导，也饱含了作者、同事及所指导研究生们的聪明才智与汗水。

正是因为上述的支持和鼓励，才使作者在他人研究的基础上，不断地吸收和探索，进而取得上述成果，才有了本书写作的基础。感谢为研究工作及本书写作提供立项资助、文献参考、学术交流与工程背景的管理者、专家和同仁，感谢李传习教授，感谢书中所列参考文献的作者。

全书由陈卓异统稿。研究生曾剑波、李游、柯璐、彭彦泽、杨宇、彭岚、谭胜、Amoussou Ekoe、郭靖和程小康对本文的录入、绘图和英文校对等进行了细致工作。博士后导师李传习教授对本书的编写给予了最大关心，并提出了宝贵意见。

由于时间和作者水平有限，书中一定存在缺点和不足，恳请专家和读者批评指正。

作者

目　　录

I

第1章 绪 论

1.1 正交异性钢桥面板发展概述

钢箱梁一般由顶板、底板、腹板和横隔板、纵隔板及加劲肋等通过全焊接的方式连接而成。其中顶板、横隔板和加劲肋等主要部件又组合称为正交异性桥面板。20世纪30年代，德、美工程师试图寻找一种能够快速建造并且坚固耐久的桥梁结构，以重建和修复二战损毁桥梁。最初，工程师在钢板下设置轧制工字钢加劲钢桥面结构代替原来的混凝土桥面板，即后来美国钢结构学会（AISC）推荐的"Battle Deck Floor（加强钢桥面）"。后来，技术人员从船舶甲板得到启发（因此英文至今引用 Deck），研制了钢板下垂直焊接纵肋与横肋的新型整体桥面结构，称为正交异性桥面板[1]（Orthotropic Steel Deck，简称OSD）。正交异性桥面板一般由面板、纵肋、横肋组成，三者互为垂直，两互相垂直方向刚度呈各向异性[2]。正交异性桥面板既作为桥面板直接承受桥面车辆荷载，又作为主梁翼缘参与桥梁整体受力，其基本构造如图1.1所示。

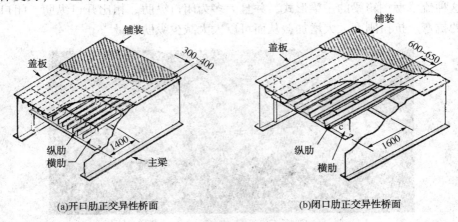

(a)开口肋正交异性桥面　　　　　　　　(b)闭口肋正交异性桥面

图1.1　正交异性桥面板基本构造

正交异性桥面板的发展历程大致可分为三个阶段：正交异性桥面板的问世，开口纵肋正交异性桥面板以及闭口纵肋正交异性桥面板。

第一座应用正交异性桥面板的桥梁 1934 年建成于德国，名叫 Feldcoeg 桥，跨径分布为 8.0m+2×12.5m+8.0m，桥面板结构如图 1.2 所示。

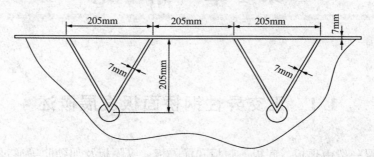

图 1.2　Fedcoeg 桥面板构造

1950~1970 年之间，开口式纵肋正交异性桥面板广泛应用于德、美桥梁建设，然而开口纵肋具有许多显而易见的缺点：①抗扭刚度小；②桥面荷载横向分布宽度有限，造成纵肋间距很难超过 300~400mm，纵肋数量较多；③开口纵肋刚度和承载能力不足，对于行车道来说，纵肋跨度不能超过 2m；④纵肋数目太多首先造成用钢量增加，同时也增加了焊接难度和焊接瑕疵的数量，形成疲劳损坏隐患。

1966 年，英国建成了世界上第一座正交异性钢箱加劲梁悬索桥——Severn 桥，以解决大型桥梁加劲梁的抗风稳定性问题，Severn 桥建成后照片和钢箱梁形式如图 1.3 所示。Severn 桥之后，世界上所建的很多大型斜拉桥、悬索桥都采用了这种流线型钢箱梁的主梁形式，并且大多为闭口纵肋。相比开口纵肋，闭口纵肋的抗弯、抗扭刚度大大增加，从而可以大大减少纵肋数量[3]。

图 1.3　英国 Severn 桥全景及钢箱梁形式

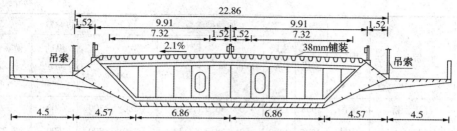

图 1.3　英国 Severn 桥全景及钢箱梁形式(续)

正交异性桥面板具有结构自重轻、承载和跨越能力大、行车舒适等突出优点,已经成为桥梁工程应用最为广泛的现代钢桥面结构形式之一[4]。中国从 20 世纪 80 年代开始于桥梁建设中大规模应用正交异性桥面板,当前国内跨度最大的桥梁——主跨 1650m 的西堠门大桥即采用正交异性钢箱梁方案。正交异性桥面板在国内外应用的典型桥梁以及主要参数见表 1.1。

表 1.1　正交异性桥面板在国内外应用的典型桥梁及主要参数

序号	桥名	国家	建成年代	主跨/m	加劲梁参数			加劲肋参数		
					高/m	宽/m	桥面板厚/m	纵肋/mm a×t×h	纵肋间距/mm	横隔板间距/mm
1	Humber 桥	英国	1981	1410	4.5	22	12	V	608	4.525
2	Severn 桥	英国	1966	988	3.05	22.85	11.4	U229×6.4×305	610	4.575
3	Bosporus I 桥	土耳其	1973	1074	3.0	28.0	12	V255×6×318	618	4.475
4	Bosporus II 桥	土耳其	1988	1090	3.0	33.8	14	U	610	4.48
5	Little Belt 桥	丹麦	1998	600	3.05	28.1	12	U250×6×300	600	3.0
6	Great Belt East 桥	丹麦	1998	1624	3.05	28.1	12	U300×6×300	600	4.0
7	金门大桥	美国	1937	1280	—	—	16	U356×9×297	—	—
8	Normandie	法国	1995	856	3.0	21.20	12~14	U300×7(8)×250	600	3.93
9	大岛桥	日本	1976	560	2.2	23.7	12	U260×6×320	620	4.0
10	Tatara(多多罗)	日本	1999	890	2.7	30.6	10~22	U320×8×240	620	4.0
11	明石海峡大桥	日本	1998	1991	14	35.5	12	U220×6×300	605	
12	西陵长江大桥	中国	1996	900	3.0	20.6	12	U260×8×320	620	2.54
13	虎门大桥	中国	1997	888	3.0	33.0	12	U260×8×320	620	4.0

续表

序号	桥名	国家	建成年代	主跨/m	加劲梁参数			加劲肋参数		
					高/m	宽/m	桥面板厚/m	纵肋/mm $a×t×h$	纵肋间距/mm	横隔板间距/mm
14	江阴大桥	中国	1998	1385	3.0	36.9	12	U280×6×300	600	3.2
15	润扬长江大桥	中国	2005	1490	3.0	38.7	14	U280×6×300	600	3.22
16	苏通大桥	中国	2008	1088	3.62	36.4	14~22	U300×8×300	600	4
17	西堠门大桥	中国	2009	1650	3.5	37.4	14	U280×6×300	600	3.6
18	九江长江大桥	中国	2013	818	3.62	34.9	16	U300×10/8×300	600	3.75，3.5

　　国内外有很多大型新建的桥梁也都选用正交异性钢箱梁作为主梁形式，其中几座国内外典型正交异性桥梁的照片及钢箱梁截面形式如图1.4~图1.6所示。

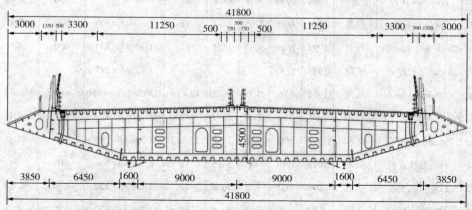

图1.4　中国港珠澳大桥

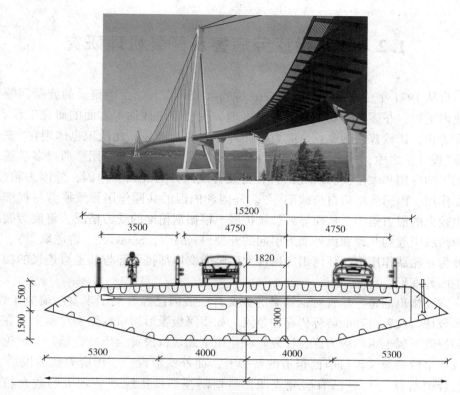

图 1.5 挪威 Halogaland 桥

图 1.6 建造中的中国台湾淡江大桥

1.2 钢箱梁疲劳病害及开裂机理研究

自从 1971 年首次报道英国 Severn 桥的疲劳病害开始，钢箱梁的疲劳问题得到业内重视，并逐渐开展了疲劳开裂机理、疲劳寿命评估等方面的研究工作[5]。迄今为止，比较普遍的观点是应力幅循环导致疲劳破坏，此认识也体现在"安全寿命"设计法之中，并在 AASHTO、Eurocode3 等规范中得到应用。通过多学科理论知识的应用和大量实验研究，另有将疲劳成因分为外因和内因，外因为轮载、温度作用，内因为结构自身缺陷[5,6]。外因和内因的共同作用导致疲劳易损细节产生较大的应力集中，从而导致裂纹扩展。根据钢箱梁的受力情况，将疲劳裂纹分为荷载引起的开裂和面外变形引起的开裂（Fryba[7]，Sasaki[8]，曾志斌[9]），并解释为：轮载作用下，任何组成构件发生竖向变形都将引起与其垂直连接的构件产生面外变形。

需要指出的是，尽管对钢箱梁的疲劳开裂成因已经开展了丰富的研究工作，但部分切口疲劳机理的解释仍存在争议。如横隔板弧形切口疲劳裂纹萌生区在最不利静载下属于主压应力区，反复轮载作用下此切口位置为压应力循环，理论上难以产生疲劳裂纹。目前已报道的解释有：面外变形说[9]、压应力疲劳说[10]以及复合型断裂说[11]。已有研究表明：热切割在切口边缘产生较大的残余拉应力[12]。从切割残余应力的角度去探索钢箱梁切口疲劳开裂机理，预计可进一步得到合理的解释。

室内节段试验和实桥测试在国内外逐渐得到开展。一般选取最易发生疲劳损伤的梁段，采用单点或多点进行疲劳加载（王春生[13]，吉伯海[14]，张清华[15]，叶华文[16]），探索各构造细节（包括切口疲劳）的疲劳性能和开裂机理。Takada[17]和 Farreras[18]通过现场轮载试验，研究了轮载位置对横隔板弧形切口、U 肋与横梁连接焊缝等疲劳易损细节的应力影响。由于节段模型、加载位置和边界条件等方面的差异，节段试验结果离散性很大；而实桥轮载试验的加载和测试精度较差，干扰因素众多。

通过疲劳断口分析开裂机理的工作得到广泛开展。1980 年，张平生等[19]采用电子显微断口分析方法，对 45Cr、T12 钢和 20SiMn2MoV 低碳马氏体钢等材料的疲劳断裂机制进行了研究；李慧芳等[20]研究了 Ⅰ+Ⅲ 复合型裂纹在单向拉伸疲劳载荷作用下的转型情况，着重研究转型过程中断口形态的变化。Suzuki[21]和王清远[22]等团队获得了低碳钢的疲劳断口形貌特征和裂纹萌生机制，观察到疲劳失效原因。钢箱梁开孔位置疲劳断裂原因较为复杂，在金相级、微米级水平上，对其疲劳断口进行特征分析，可确定疲劳裂纹的断裂起因、断裂方式和断裂过程，是对钢箱梁切口疲劳开裂机理的有效补充。

钢材作为一种常见的结构材料被广泛应用于各种类型的构筑物中。虽然钢材具有相对稳定的受力和变形性能，但因钢结构失效而造成的伤亡事件仍时有发生。1982 年，美国土木工程师学会(ASCE)在对钢结构的破坏原因进行统计后指出：由疲劳问题引起的破坏是钢结构失效的主要形式[23]。

1.2.1　钢材疲劳研究

（1）钢结构的疲劳现象

虽然不同钢结构所承受荷载的形式不同，但其疲劳失效的机理是相似的，可以利用钢结构疲劳失效的一般原理对正交异性钢桥面板的疲劳开裂问题进行分析。国际标准化组织(ISO)在 1964 年发表的报告[24]《金属疲劳实验的一般原理》中称："金属材料在应力或应变的反复作用下所发生的性能变化称为疲劳"。里海大学 John W. Fisher 教授[25]在其报告中将疲劳描述为在最大值低于材料静屈服强度的重复或波动张应力作用下进行的渐进、局部和永久性的结构损伤。即金属的疲劳是一个在反复应力或应变的作用下逐渐发生的过程，而疲劳失效则是这个过程的终点。

与结构强度破坏不同，疲劳失效是一种在往复荷载作用下的特殊破坏形式。静荷载不会导致疲劳现象的发生；动荷载不仅是疲劳发生的前提，也是疲劳破坏与结构其他破坏形式最明显的区别。通常情况下我们把结构所受到的扰动作用称为扰动载荷，载荷的形式可以是力、应力、位移及应变等。使结构发生疲劳现象的扰动载荷可以是规律的(恒幅循环、等幅循环)，也可以是随机的(变幅循环)。载荷谱是描述荷载随时间变化关系的图或表，通常描述的是应力随时间的变化关系，称为应力谱。由于扰动荷载是随时间变化的，因此在研究某结构的疲劳现象时就必须首先确定其载荷谱。描述载荷谱的参量包括最大拉应力、最小应力、应力幅、应力比等，只要知道这些参量中的 2 个，就可以正推或是反推其他参量，可根据实际情况选用适当的参量进行研究。载荷谱的其他特征还有波形与频率等，但这些特征对结构疲劳寿命的影响并不明显，可不予考虑。

（2）裂纹的产生与发展

微裂纹通常形成于材料的表面，但在某些情况下也会发生在材料内部。按照裂纹的发展程度可以将疲劳失效过程划分为 3 个阶段：裂纹的萌生、裂纹的稳定扩展以及裂纹达到极限尺寸后失效的发生。从宏观上看，疲劳裂纹的萌生经历了 3 个不同的阶段，即微裂纹的形成、成长和联结；从微观上看，结构在承受一定数量的循环荷载作用后，局部晶体颗粒间会出现较短的滑移线和滑移台阶，进而在此部位产生缺口，在疲劳荷载的反复作用下，这些缺口周围将产生数值较大的循环应力。循环荷载的持续作用将会在原滑移线附近产生一些新的滑移线，这些短的滑移线逐渐汇集成一个较宽的滑移带，最终导致疲劳裂纹的产生。因此疲劳破坏是一个相对缓慢的过程，从疲劳损伤开始积累到结构的破坏所需的循环次数称为构件或结构的"疲劳寿命"。结构的疲劳寿命与扰动荷载在结构中产生的应力幅有关，这与静力破坏存在明显的区别。载荷谱确定后，结构在疲劳开裂前所能承受的扰动次数就会相应确定。虽然结构的疲劳失效在疲劳荷载作用下不会立即发生，但当结构承受的扰动次数达到极限时，疲劳裂纹便会出现在应力或应变水平较高的位置。最初出现的细微裂纹会进一步加剧该位置的应力集中，如果不对结构做进一步的处理，已经萌生的裂纹将会随着疲劳荷载的作用不断发展。当裂纹的尺寸达到结构可以承受的极限时，就会发生结构的疲劳失效。

1.2.2　钢箱梁疲劳开裂研究

第一次工业革命是人类历史的一次飞跃。在这场机器大工业的革命中，火车的出现极大地提高了陆路运输的能力。随着火车的应用和推广，人们发现一些火车的轮轴在经过一段时间的使用后发生了断裂。在此之前人类没有使用钢铁建造过如此庞大的动力机构，这是人类第一次面对金属的疲劳问题。为解决这一问题，德国工程师 Wöhler 首先对金属的疲劳现象展开研究，并于 1870 年提出了疲劳破坏的荷载特征。他的研究表明：在循环荷载的作用下，即使荷载的大小远低于金属材料的屈服强度，金属构件仍会发生破坏。而决定金属构件是否会发生这种破坏的度量值并非最大应力，而是结构中存在的应力幅值。当应力幅值小于一定数值时，即使循环荷载的作用频次很高，构件也不会发生这种破坏。为与材料的强度破坏相区别，他将这种应力幅值下结构的失效称为疲劳破坏。此外，他第一次提到了材料 S-N 曲线以及疲劳极限两个概念。1910 年，Basquin 提出了关于应力幅的 S-N 曲线[26]。1954 年，Coffin 与 Manson 提出了关于应变幅的应变-寿命曲线[27]。1945 年，Miner 在 Palmgren 球轴承疲劳准则的基础上，提出了经典的线性累积损伤准则，它的实用性和经典性使其沿用至今。1974 年，Fisher 通过大量的实验再次验证了 Wöhler 对于疲劳荷载的结论。

断裂力学的出现为研究金属疲劳现象提供了一种新的方法。1920 年，Griffith 采用能量平衡法对玻璃的断裂问题进行了研究，发现了名义应力与裂纹尺寸之间的关系，标志着现代断裂力学的开始[28]。1957 年，Irwin 提出以应力强度因子 K 来度量裂纹尖端的应力水平，开创了线弹性断裂力学和疲劳裂纹扩展研究的先河[29]。1963 年，Paris 通过研究提出了裂纹扩展速率公式，即 Paris 公式。最初的 Paris 公式存在一些问题，许多学者对其进行了修正并提出了修正后的计算公式。20 世纪 60 年代初，Conffin 和 Manson 分别提出了疲劳寿命与塑性应变幅的经验公式，经过不断的完善和发展最终发展为局部应力应变法。1968 年，Rice 提出了与路径无关的 J 积分法[30]。

随着桥梁跨径的增大，钢箱梁在大跨径桥梁中的应用越来越多，随之而来的疲劳开裂问题成为一个不得不解决的现实问题。英国 Severn 桥于 1966 年建成通车，通车仅 5 年封头板与纵肋下缘连接焊缝就发生了开裂；运行的第 11 年发现了纵肋与横隔板、纵肋与顶板等位置焊缝的开裂。时至今日，这两种仍然是正交异性桥面的主要开裂形式。

英国运输和道路研究试验所(TRRL)在对 Severn 桥的裂纹进行加固时，对原有结构形式的疲劳抗性进行了研究，同时也研究了加劲肋和横隔板之间不同连接方式对其性能的影响。研究结果指出，焊接残余应力是纵肋焊缝疲劳开裂的重要原因。欧洲铁路研究所(ERRI)对纵肋与横隔板连接位置以及纵肋下横隔板切口的形式进行了试验研究。试验结果表明，横隔板切口位置周围的受力模式和抗疲劳性能与横隔板切口的形状密切相关。M. H. Kolstein 等[31]通过实验研究了钢箱梁上焊缝的疲劳性能。Choi 团队[32]通过钢箱梁的足尺寸实验发现焊缝端部应力超限是纵肋与横肋连接位置焊缝开裂的重要原因。Wan ChunJen[33]通过试验研究了钢箱梁的极限强度和承载能力，并根据实验结果进行了理论分析。美国里海大学的 Robert J. Connor 研究了包括顶板厚度、横隔板厚度以及横隔板弧形切口形式在内的几个参数对正交异性桥面板疲劳性能的影响[34]。值得一提的是，美国里海大学的 Fisher 教授通过研究确认了导致疲劳发生的决定因素为应力幅而非最大应力，因此他认为外荷载与残余应力的联合作用仅对钢材的强度屈服有影响，在结构的疲劳计算中则可不予考虑。除此之外，Wolchukt[35]、Kolstei[36]、Fisher[37]等学者均对钢箱梁的疲劳问题进行了实验研究并获得到了一些很有意义的成果。

日本 Kinuura 桥建成于 1978 年，于 2003 年的结构检测中发现该桥南部桥梁纵肋与面板的焊接接缝出现多条裂纹。2006 年，Zhigang Xiao 团队[38]研究了此部位疲劳开裂的原因，详细描述了焊接接头的几何形状及萌生于焊缝的裂纹特征。他们以不同的焊缝熔透深度作为参数，将结构在常幅疲劳荷载实验中的受力模式与断裂力学方法计算得到的结果进行了对比印证。对比结果表明，当熔透区域小于 2~3mm 时，此处的焊缝的疲劳性能将会恶化，大量的疲劳裂纹将随之出现。一年后，该团队[39]进一步研究了这个问题，通过有限元方法得到了轮载作用下该接头区域的横向应力分布，根据用有限元计算的结果从理论上推算了纵肋与顶板连接位置的疲劳强度，并对应力幅的特征和影响进行了研究。其研究结果指出，当焊接熔透率达到 75% 时，顶板中的应力水平将远大于纵肋，因此纵肋与顶板间连接焊缝的疲劳强度将主要取决于顶板抵抗疲劳开裂的能力。顶板厚度的变化会对结构的整体刚度以及顶板自身的应力水平产生明显的影响。通过改进桥面铺装体系可以提高轮载的扩散程度，进而降低顶板中的应力水平，因此铺装层刚度的提高或顶板厚度的增加不仅能够提高该纵肋与顶板连接位置的疲劳寿命，更能够改善钢箱梁的整体受力性能。

我国早期修建的桥梁中，因钢箱梁顶板厚度不足造成了顶板的大量开裂；在随后修建的桥梁中，通过增加顶板厚度，有效减少了开裂现象的发生。加拿大学者 Connor 此前也提出了相似的观点[40]，他认为角焊缝未熔透区域的大小在很大程度上影响纵肋与顶板连接位置的疲劳寿命。换言之，如果未熔透的区域太大，则不论如何提高顶板的厚度，仍会有疲劳裂纹出现。

基于以上认识，Eurocode3[41]规定，为降低纵肋与顶板连接位置的开裂概率，除人行道位置的纵肋和顶板因其受荷水平较低可直接采用角焊缝连接外，其他位置均须采用坡口焊且应保证熔透的深度，如图 1.7 所示。除此之外，Eurocode3还对钢箱梁各结构组件的制造和拼装允许误差等做出了详细的规定。日本的 S. Inpkuchi 和 S. Kainuma[42]继续对这种焊缝形式做了研究，其结果表明：采用 Eurocode3 推荐的方式施焊后，纵肋与顶板连接位置仍会萌生起源于焊根并沿板厚发展的裂纹。这类裂纹对结构的安全威胁很大，且难以被肉眼所发现。由于当时对此类裂纹还没有系统的研究，他们设计了一个新的实验来明确焊缝根部的疲劳特性，亦对这种裂纹的桥梁进行了测试。另外，Hans De Backer、Amelie Outtier、Samol Ya、Kentaro Yamada 等[43,44]都对这种裂缝形式进行了研究，获得了一些有益的结果。

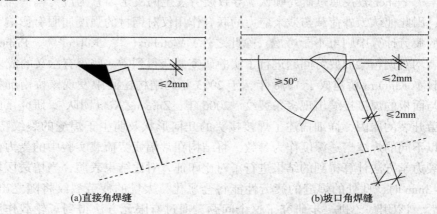

(a)直接角焊缝　　　　　　　　　　(b)坡口角焊缝

图 1.7　Eurocode3 规定的焊接形式

为避免冷弯对纵肋焊接性能的影响，日本规范要求纵肋应采取热弯成型工艺进行制作。此外各国规范均对图 1.8 中纵肋的厚度 t 与弯曲半径 R 做了规定。尽管日本和欧洲规范对纵肋拼接焊缝的焊接工艺都做了严格要求，但焊接质量的提高并不能显著改善该位置的疲劳性能。因此，欧洲和日本规范都推荐采用栓接替代焊接对纵肋进行连接。这种情况下，为避免密布螺栓对顶板截面造成削弱或对铺装层的受力产生影响，应采用以陶瓷作为衬垫的单面焊双面成型技术将顶板对焊，如图1.9所示。为进一步降低纵肋拼接焊缝的应力水平，欧洲规范规定纵肋的拼接位置应设在其反弯点处。

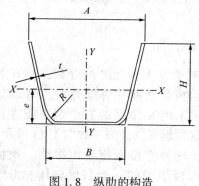

图1.8 纵肋的构造

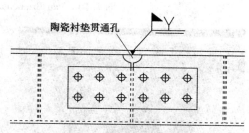

图1.9 纵肋栓接顶板焊接

Kolstein 等通过对不同形式纵肋拼接接头的疲劳性能的研究，明确了焊接质量对焊缝疲劳性能的重要影响。而 Gurney 在对 TRRL 的研究工作进行总结后指出：焊接顺序和焊接残余应力也会对钢箱梁的疲劳性能产生明显的影响。

Kond 通过实验研究了纵肋拼装误差、垫板变形程度以及焊根处间隙尺寸对纵肋拼接焊缝疲劳性能的影响[45]。作为实验对象的钢箱梁模型的制作采用与施工中相同的仰焊并附加衬板的方法。实验结果发现，在拉伸试验中裂纹常发生在焊缝的焊根和焊趾部位，分析其原因，可能是因为仰焊影响了焊根位置的焊接质量。受弯实验中如果纵肋腹板与顶板在焊接时不留任何空隙，焊接将很难熔透纵肋与顶板的连接位置，这将影响焊缝的疲劳强度。

英、美、日三国规范均规定纵肋应连续通过横肋且纵肋、横肋以及顶板间三条焊缝的交汇位置不设过焊孔，其目的是为了避免因纵肋被横肋打断或横肋开设过焊孔而产生的疲劳开裂。

图1.10为荷兰的 Van Brienenoord 桥面开裂位置示意。裂纹萌生于焊根位置，裂纹击穿顶板沿纵肋方向发展。由于裂缝萌生于纵肋内部的焊根位置，常规的肉眼检查很难发现。随着裂纹的不断发展，纵肋范围内顶板的挠度将会不断增大，这时应及时修复。

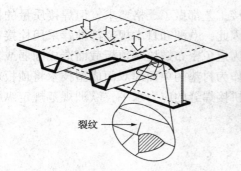

裂纹

图 1.10　Van Brienenoord 桥的开裂状况

图 1.11　K 字形内衬板

对于发生于此处的开裂，其开裂原因为顶板挠曲在焊缝处产生弯曲应力。可采用 K 字撑的方法预防或进行加固这种形式的开裂，如图 1.11 所示。

正交异性桥面板是由纵肋、顶板和横隔板组成的一个有机整体。由于现阶段的公路桥梁的车道数量越来越多、钢箱梁的宽度越来越大，为增加钢箱梁在纵向和横向刚度，还要在钢箱梁内设置纵隔板。纵隔板与横隔板一样，通常采用双面角焊缝焊接在顶板上。

1990 年，Cuninghame 通过实验研究了横梁和顶板连接位置附近的受力情况，得到了该位置附近顶板以及横梁腹板的应力影响线。在车轮荷载通过连接部位时，横梁上焊趾承受单个交替的应力循环，顶板承受压应力循环；当车轮直接作用在横梁上方时，顶板的应力减小。在钢箱梁中，纵梁的连接形式与横梁与桥面板的连接相似，但是受力特点却有所不同。

受车道划分的影响，车辆经过纵隔板上某点时，纵隔板的腹板以及该位置的顶板都处于纯拉或纯压状态，受力性能相对较好。另外，纵隔板上密布的纵向和竖向加劲肋也会改善该位置的受力，使得纵隔板与顶板连接位置的疲劳焊缝较为少见。

1.2.3　钢箱梁疲劳规范

由于钢箱梁疲劳问题的重要性，各钢结构桥梁强国都根据自身情况编制了与本国国情相适应的规范，如欧洲的 Eurocode3 规范[46]、美国的 AASHTO 规范[47]、英国的 BS5400 规范[48]以及日本的《钢道路桥的疲劳设计指南》[49]均对钢箱梁的

疲劳细节以及计算方法进行了分类和规定。其中，欧洲规范采取了基于 Palmgren
-Mine 准则的损伤度计算方法；美国规范将结构的疲劳分为单纯的荷载作用下的
疲劳以及结构在扭转变形下的疲劳；英国规范虽然也对钢箱梁的疲劳细节做出了
规定，但同时指出，公路钢箱梁的受力复杂，对于具体的结构应根据专家的建议
进行设计。

钢结构桥梁能够满足铁路运输对承载能力以及变形性能的要求，在我国被广
泛采用，成为铁路桥梁的一种重要形式。以中国铁道科学研究院为代表的一系列
单位对铁路钢桥的受力特性以及疲劳设计计算方法进行了研究，这些研究成果被
收录在《铁路桥梁钢结构设计规范》(TB10002.2—2005) 当中；建筑行业在参考国
外相关研究成果和规范的基础上颁布了《钢结构设计规范》(GB 50017—2003)；
公路行业的《公路桥涵结构及木结构设计规范》(JTJ025—86)颁布时间较早，已经
不能适应公路钢结构桥梁的发展，最新的《公路钢结构桥梁设计规范》征求意见
稿中虽然对钢箱梁诸如钢板厚度、纵肋在横隔板处的通过方式等做出了规定，却
没有对钢箱梁的疲劳细节做具体的研究和分级，也没有给出疲劳验算的标准荷
载。所以现阶段国内的正交异性钢箱梁设计多参考外国的研究成果和规范以及设
计单位自身的经验进行。

1.3　钢箱梁疲劳修复研究

钢箱梁的修复应遵循下面几个原则进行：①修复时间尽量短，避免对交通运
输产生影响；②尽量选择成本低、经济性好的修复方法；③修复方法要尽量简
单，便于操作；④确保修复的效果，保证修复后的结构在规定时间内不会再次
开裂。

为避免多次修复造成的损失，取得最大的经济效益，修复工作不仅仅要针对
已经开裂的位置展开，还应对与开裂细节相似的部位进行评估，对已经发生疲劳
损伤还未开裂的结构也应给予加固。

1.3.1　纵肋与顶板连接位置的加固与修复

纵肋与顶板连接处是疲劳裂纹的易发位置。在该位置可能发生的几种开裂形
式中，击穿顶板并沿纵肋方向发展的裂纹最为常见。由于钢箱梁的顶板直接承受
轮载的作用，这种形式的裂纹一经出现便会迅速发展，影响行车平顺并对结构安
全造成威胁，应给予足够的重视。对于这种裂纹的修复通常要封闭一条或多条车
道，会对桥上的交通造成影响。

对于萌生于纵肋与桥面板连接焊缝表面的微小裂纹，可在其未充分发展时利用打磨或重熔方法予以消除。法国 Mehue 针对已经击穿顶板的裂纹根据其开展程度的不同给出了几种可行的修复方法。

对于萌生于焊根并击穿顶板的一部分简单裂纹，如果这些裂纹的尺寸较小、边沿较平整，可考虑采用切割重焊的方法进行修复，其修复流程如下（如图 1.12 所示）：

① 将裂纹附近铺装层清理干净后采用墨水渗透法明确裂纹的大小；

② 将开裂位置打磨成 V 形槽；

③ 在 V 形槽位置施焊熔透顶板；

④ 待焊缝冷却后对焊缝进行打磨，使焊缝的高度与顶板平齐；

⑤ 利用墨水渗透法检查熔透情况以确保焊接的质量。

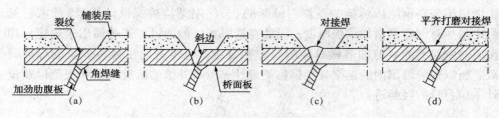

图 1.12　切割重焊法

如果焊缝的尺寸较大且形状不够平整，可以采用下面几种方法进行加固和修复：

① 若开裂使得两纵肋间的桥面板发生一定程度下挠，可使用三角撑支撑纵肋与顶板，如图 1.13 所示；

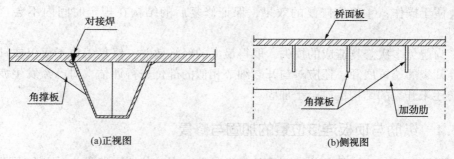

图 1.13　加强角板

② 若开裂使得纵肋位置发生下挠，则可采用围焊或环氧树脂粘结的方式添加钢板进行加固；

③ 可采用夹心钢板覆盖法进行加固，如图 1.14 所示。

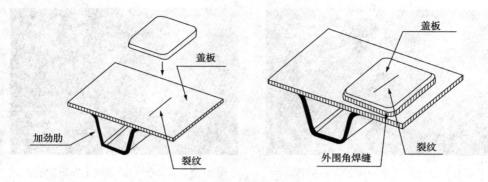

图 1.14　采用加强盖板修复

　　上面介绍的加固方式虽然能够快速修复裂缝，不会对桥上交通造成明显的影响，但修复后结构的疲劳寿命较短，很快就会产生新的裂纹，修复效果并不理想。如果击穿顶板的焊缝很长且平行于纵肋发展，那么该位置的顶板将会出现较为严重的下沉，采用上面的两种方法就不能达到修复目的，这时就必须考虑对开裂位置的顶板进行部分或全部的置换。

　　虽然对开裂位置的顶板进行置换具有较好的修复效果，可以有效重塑顶板的刚度及受力性能，但这种方法的成本较高且修复过程需要长时间封闭发生开裂的车道，对交通的影响较大，故仅在法国的局部被采用。

　　为了尽量减少修复过程对桥上交通的影响，避免二次开裂的发生，也可采用填充纵肋的方法进行加固。灌浆后纵肋由空心变为实心，支撑条件的改变使得顶板与纵肋连接焊缝中的应力水平明显降低，有助于提高结构的疲劳寿命。另外，填充纵肋不仅会对顶板和纵肋相交位置的受力产生影响，在一定程度上也会造成横隔板切口位置受力模式的改变。

1.3.2　纵肋与纵肋拼接位置的加固

　　加钢板补强法是纵肋与纵肋拼接位置开裂的常用修复方法。日本的研究人员针对这种修复方法进行了模型试验研究[50]，如图 1.15～图 1.17 所示。静载试验结果表明，方案三的修复效果相对较好。

图 1.15　在纵肋连接位置两侧添加
方形钢板(方案一)

图 1.16　将方案一中的方形钢板
改为角钢(方案二)

图 1.17　在方案一的基础上在纵肋底部
加设一块钢板(方案三)

1.3.3　纵肋与横隔板相交位置的修复措施

萌生于切口位置的裂纹应首先打止裂孔,以避免裂纹进一步发展影响结构受力,威胁结构的安全。采用钻孔止裂技术来防止裂纹继续开展时,止裂孔的止裂效果与其孔径有关:孔径太小,则止裂孔的边缘将产生严重的应力集中,如果不做进一步处理,势必导致二次开裂的发生;如果孔径过大,将会对板件截面造成严重的削弱,局部荷载较大时甚至可能导致板件的强度破坏。有学者研究了止裂孔的尺寸与其止裂效果之间的关系,取 5 种不同的裂纹长度 a 分别与不同直径 d 的止裂孔进行匹配并计算其应力幅(图 1.18)。研究结果表明,止裂孔的最佳直径为裂纹长度的 0.6 倍左右,这种开孔大小既能保证止裂的效果,又不至过多地削弱截面。研究结果还给出了止裂孔的疲劳寿命 N 的计算公式为:

$$N = 294000 \times \left(\frac{d}{a}\right)^2 \tag{1.1}$$

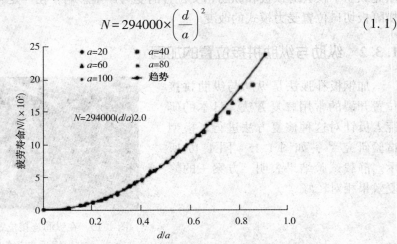

图 1.18　止裂孔疲劳寿命与尺寸参数 d/a 的关系曲线

通过前面的有限元分析我们可以知道，研究对象在采取止裂孔止裂后，止裂孔边缘的应力水平依然很高，需要采用加钢板的形式进行补强，如图 1.19 所示。

图 1.19 加钢板补强

对于萌生于纵肋与横隔板相交位置但位于纵肋上的裂纹，添加内隔板或支撑板是行之有效的加固方法。如图 1.20 所示内隔板有半高和全高两种方式，增加内隔板的高度或添加全内隔板有助于提高横隔板的连续性，有助于减小该位置纵肋腹板的面外弯曲作用。

(a)全高式横隔板   (b)半高式横隔板

图 1.20 内隔板示意图

1.4 钢箱梁疲劳研究存在的问题

疲劳验算的目的是为了明确结构的疲劳寿命，而结构的缺陷以及结构上荷载的作用形式是决定结构疲劳寿命的主要因素。20 世纪 70 年代以前的规范通常采用静力标准汽车荷载作为钢桥疲劳验算的荷载形式。由于疲劳荷载的规律和大小均会对结构的疲劳寿命产生影响，所以疲劳荷载的形式应根据桥上实测或预计的交通荷载状况确定，直接套用静力验算的汽车荷载来计算钢箱梁的疲劳寿命是不合适的。由于不同桥梁的交通荷载也不同，想要准确估算桥梁的疲劳寿命就必须对该桥的荷载谱进行调查和统计。

现阶段用于计算结构疲劳寿命的荷载形式通常有三种：一是桥上车辆荷载数据的抽样监测，即对一定时期内经过桥上的车辆类型和频次进行统计；二是设定标准疲劳车辆，即根据桥上车辆的荷载数据推定标准疲劳车辆的轴距和轴重等参数；三是桥上通过车辆的详细统计，这种方法相当于进行了一次长期观察实验，仅仅是对实际数据的统计和补充。

为了实际应用的方便，通常在对一定区域乃至一国范围内交通荷载状况进行总结和归纳后换算出普遍适用的疲劳荷载车辆。单独对某座桥梁制定疲劳车辆的标准形式并没有实际意义。第三种方法是对桥上通过车辆的不间断统计，获得的疲劳载荷谱当然是最符合实际的，但是利用这种方法来确定疲劳荷载谱需要耗费大量的时间，得到的结果虽然对于所要研究的桥梁很有意义，却并不能直接推广应用到其他桥梁上，并且通过观察得到桥梁的疲劳寿命也违背了疲劳寿命预测的初衷。对于处于交通枢纽位置的桥梁，一定时期内通过的车辆行驶应该具有相对的稳定性，如果仅仅是为了研究桥梁剩余的疲劳寿命，采用第一种方法是简便有效的。目前国内的桥梁设计规范并没有给出验算钢箱梁疲劳性能的标准荷载形式[51]，实际工作中往往针对不同的研究对象专门确定其载荷谱或疲劳标准车辆。

钢箱梁由顶板以及相互垂直的纵、横肋焊接而成，具有高强、轻质的特点，能够很好地解决桥梁自重、承重及跨径之间的矛盾，在现代大跨度钢箱梁悬索桥以及斜拉桥中应用广泛。尽管钢箱梁具有其他结构不可比拟的性能优势，但其缺点也是显而易见的。钢材加工中的冷弯和切割会恶化其焊接性能，构造中存在的截面削弱则会导致应力集中的发生。钢箱梁通过焊接进行制造和施工，焊缝的力学性能在很大程度上受到焊接质量的影响；即使焊接质量已经控制得相当好的情况下，焊接残余应力和焊接缺陷依然不可避免，这导致钢箱梁的连接焊缝成为最易开裂的位置。由于构成钢箱梁的钢板较薄，整体相对于局部刚度较小，荷载仅在其作用位置附近产生数值较大应力，这使得疲劳细节的受力影响线短，荷载的循环次数高。可以将钢箱梁缺点概括为缺陷多、构造复杂和循环频次高。不难看出，这些都是极易导致钢材发生疲劳的因素。在钢箱梁应用的早期，因疲劳设计经验不足而严重开裂的钢箱梁很多，其中绝大多数裂纹均位于焊缝位置。

有研究指出[52]，在钢箱梁的各构造细节中，纵肋与横隔板交叉位置的应力模式最为复杂。该处的受力有以下几个特点：

① 几何构造复杂，在较为狭窄的空间中存在因结构复杂几何形状所引起的次应力；

② 顶板、纵肋和横隔板之间的焊接多采用人工仰焊的方式，易产生焊接缺陷且残余应力难以准确把握；

③ 横隔板上为释放纵肋变形所设置的切口也会在横隔板的相关位置导致应力集中。

上述三个原因导致纵肋与横隔板相交的位置容易在疲劳载荷的作用下产生裂纹。当采用闭口纵肋时，纵肋与横隔板交叉部位的应力传递复杂，如果不谨慎对待相关构件的设计，则很容易导致该位置疲劳开裂的发生。如图 1.21 所示，早期的纵肋与横隔板相交并未设置切口，疲劳裂缝多发生在 U 肋拐角处的焊接位置；现阶段通常在横梁上开通过孔来释放纵肋的变形以避免二次应力的产生。带切口的纵肋与横隔板相交位置有 3 个不同的开裂位置：①萌生于焊缝尽头、位于横隔板上的裂纹；②萌生于焊缝尽头、位于纵肋上的裂纹；③萌生于横隔板弧形切口位置、位于横隔板上的裂纹。

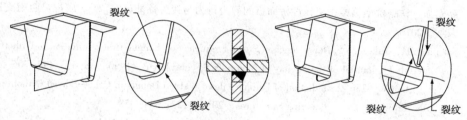

图 1.21　横隔板与纵肋连接部位的开裂

在对佛山平胜大桥的一次常规检查中发现，该桥主跨钢加劲梁顶板 U 形纵肋与横隔板焊接处(横隔板上切口位置)有不同程度的开裂。裂缝在横隔板母材上沿斜上方角度延伸，长度在 2~30cm 之间，裂缝在断面上基本分布在第 15# ~ 22#（自快车道向慢车道计数)U 形纵肋之间，属于第 3、4 行车道范围之内。

在后期跟踪检查中发现，病害持续发展，不但有新增裂缝出现，原有裂缝也有延伸迹象，且病害发展速度较为均匀，每月新增裂缝 3~6 条。除了大量出现于横隔板弧形切口位置的开裂外，检测中还发现纵肋与横隔板连接焊缝、纵隔板竖向加劲肋与顶板水平焊缝的开裂，如图 1.22 所示。可以预见，如果不经合理处置将会有新的裂缝产生，已存在的裂缝也将继续扩展，最终将影响桥梁的安全性和适用性。

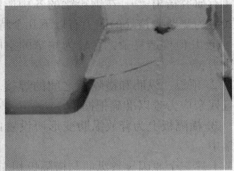

图 1.22　典型裂纹示意图

参 考 文 献

［1］李莹．公路钢桥疲劳性能及可靠性研究［D］．哈尔滨：哈尔滨工业大学，2008.

［2］项海帆．高等桥梁结构理论［M］．北京：人民交通出版社，2001.

［3］李立峰．正交异性钢箱梁局部稳定分析理论及模型试验研究［D］．长沙：湖南大学，2005.

［4］高立强．铁路桥钢箱梁正交异性桥面板的静力行为与疲劳性能研究［D］．成都：西南交通大学，2013.

［5］Sakamoto H，Takezono S. Dependence of Stress Frequency on Fatigue Crack Initiation in Orthotropic Material［J］. Journal of the Society of Materials Science Japan，1990，36(3)：495-506.

［6］Yan F，Chen W，Lin Z. Prediction of Fatigue Life of Welded Details in Cable-Stayed Orthotropic Steel Deck Bridges［J］. Engineering Structures，2016，127：344-358.

［7］Frýba L，Urushadze S. Improvement of Fatigue Properties of Orthotropic Decks［J］. Engineering Structures，2011，33(4)：1166-1169.

［8］Cao V D，Sasaki E，Tajima K，et al. Investigations on the Effect of Weld Penetration on Fatigue Strength of Rib-to-Deck Welded Joints in Orthotropic Steel Decks［J］. International Journal of Steel Structures，2015，15(2)：299-310.

［9］曾志斌．正交异性钢桥面板典型疲劳裂纹分类及其原因分析［J］．钢结构，2011，26(02)：9-15.

［10］陈卓异，李传习，柯璐，等．某悬索桥钢箱梁疲劳病害情况及处置方案研究［J］，土木工程学报，2017，50(03)：11-20.

［11］刘益铭，张清华，崔闯，等．正交异性钢桥面板三维疲劳裂纹扩展数值模拟方法［J］．中国公路学报，2016，29(07)：89-95.

［12］BS Yilbas，AFM Arif，Karatas C，et al. Cemented Carbide Cutting Tool：Laser Processing and Thermal Stress Analysis［J］. Applied Surface Science，2007，253(12)：5544-5552.

［13］王春生，付炳宁，张芹，等．正交异性钢桥面板足尺疲劳试验［J］．中国公路学报，2013

（02）：69-76.

[14] 袁周致远，吉伯海，杨沐野，等．正交异性钢桥面板顶板竖向加劲肋焊接接头疲劳性能试验研究[J]．土木工程学报，2016，（02）：69-76.

[15] 张清华，崔闯，卜一之，等．正交异性钢桥面板足尺节段疲劳模型试验研究[J]．土木工程学报，2015（04）：72-83.

[16] 叶华文，徐勋，强士中，等．开口肋正交异性钢桥面板双轴疲劳试验及开孔形式研究[J]．中国公路学报，2013（01）：87-92.

[17] Takada Y, Yamaguchi T. Fatigue Failure Assessment Considering Actual-Working Load and Running Position of Orthotropic Steel Deck by Using BWIM[J]. Memoirs of the Faculty of Engineering Osaka City University, 2009, 50：55-61.

[18] Farreras-Alcover I, Chryssanthopoulos M K, Andersen J E. Data-Based Models for Fatigue Reliability of Orthotropic Steel Bridge Decks Based on Temperature. Traffic and Strain Monitoring [J]. International Journal of Fatigue, 2016, 95：104-119.

[19] 张平生，胡志忠，金达曾．钢的疲劳裂纹萌生与扩展的电子显微断口分析[J]．西安交通大学学报，1980，14（04）：67-80.

[20] 李慧芳，钱才富．45~#钢中Ⅰ+Ⅲ复合型疲劳裂纹的转型扩展及断口分析[J]．南京工业大学学报（自然科学版），2009，31（05）：20-24.

[21] Schäf W, Marx M, Knorr A F. Influence of Microstructural Barriers on Small Fatigue Crack Growth in Mild Steel[J]. International Journal of Fatigue, 2013, 57（12）：86-92.

[22] 方冬慧，刘永杰，陈宜言，等．Q345桥梁钢焊接接头超高周疲劳性能[J]．焊接学报，2011，32（08）：77-80.

[23] Wöhler Sehutz. A History of Fatigue. Engineering Fracture Mechanics, 1996, 52（2）：263~30.

[24] 姚卫星．结构疲劳寿命分析[M]．北京：国防工业出版社，2003.

[25] 陈绍蕃．钢结构设计原理[M]．北京：科学出版社，2005.

[26] Basquin O H. The Exponential Law of Endurance Test[J]. Proceedings of the American for Testing and Materials, 1910, 10：625-630.

[27] Coffin L F. A Study of the Effects of Cyclic Thermal Stress on a Ductile Metal[J]. Transactions of the American Society of Mechanics Engineers, 1954, 76：931-50.

[28] Griffith A A. The Phenomenon of Rupture and Flow in Solids[J]. Philosophical Transactions of the Royal Society, 1921, 45：251-66.

[29] Irwin G R. Analysis of Stresses and Strain Near the End of a Crack Traversing in Plate[J]. Journal of Applied Mechanics, 1957, 24：361-364.

[30] Rice J R. A Path Independent Integral and the Approximate Analysis of Strain Concentration by Notches and Cracks[J]. Journal of Applied Mechanics, 1968, 35：379-386.

[31] Kolstein M H. Fatigue Strength of Welded Joints in Orthotropic Steel Bridgedecks[J]. Welding in the World, 1996, 38：63-94.

[32] Jun-Hyeok Choi, Do-Hwan Kim. Stress Characteristics and Fatigue Crack Behavior of the Longitudinal Rib-to-Cross Beam Joints in an Orthotropic Steel Deck[J]. Adcances in Structural

Engineering, 2008, (11)2: 189-198.

[33] Wanchun Jen. Strength of Steel Orthotropic Deck with Trapezoidal Shaped Longitudinal Stiffeners [J]. Lehigh University, 2006, 9: 56-62.

[34] Robert J Connor. A Comparison of the In-service Response of an Orthotropic Steel Deck with Laboratory Studies and Design Assumption[D]. Lehigh University, 2002.

[35] Wolchuk R. Lessons from Weld Cracks in Orthotropic Decks on Three European Bridges[J]. Journal of Structural Engineering, ASCE, 1990, 116(1): 75-84.

[36] Kolstein M H. Fatigue Strength of Welded Joints in Orthotropic Steel Bridge Decks. Welding in the World, 1996, 38: 175-194.

[37] Samia Abdou, Wuzhen Zhang, John W Fisher. Orthotropic Deck Fatigue Investigation at Tstiffenerorough Bridge-New York[C]. TRB 2003 Annual Meeting.

[38] Xiao Zhigang, Kentaro Yamada, Jirou Inoue. Fatigue Cracks in Longitudinal Ribs of Steel Orthotropic Deck[J]. International Journal of Fatigue, 2006.

[39] Xiao Zhigang, Kentaro Yamada, Samol Ya. Stress Analyses and Fatigue Evaluation of Rib-to-Deck Joints in Steel Orthotropic Decks[J]. International Journal of Fatigue, 2007.

[40] Robert J, Connor A. Comparison of the In-Service Response of an Orthotropic Steel Deck Laboratory Studies and Design Assumptions[D]. Lehigh University, 2002.

[41] Eurocode 3. Design of Steel Structures Part 2: Steel Bridges[S].

[42] Inpkuchi S, Kainuma S. Field Measurement and Development of an Experimental System for Fatigue-Cracking from Weld Roots Between Deck Plate and U-Rib in Orthotropic Steel Decks [C]//Orthotropic Bridge Conference. Sacramento, 2008.

[43] Samol Ya, Kentaro Yamada. Bending Fatigue Tests on Deck Welded Details of Orthotropic Steel Deck[C]//Orthotropic Bridge Conference. Sacramento, 2008.

[44] Kondo A. Fatigue Strength of Field-welded of Rib Joints of Orthotropic Steel Deeks[C]. IABSE Colloquium, Lausanne, 1982, 37:

[45] CEN. EN 1993—2006: Eurocode 3-Design of Steel Structures-Part 2: Steel Bridges[S]. Brussel: European Committee for Standardization(CEN), 2006.

[46] AASHTO. AASTO LRFD Bridge Design Specifications[S]. 2003.

[47] EN1993-2: 2006. Design of Steel Structures Part2: Steel Bridges[S]. 2006.

[48] 日本钢结构协会. 钢构造物疲劳设计指针及解说[S]. 1993.

[49] 田中寛泰, 溝江慶久, 嶋田修. 続・鋼床版の新しい治療法~Uリブ突合せ溶接部の疲労き裂に対する補修・補強検討~[J]. 川田技報, 2010, 29: 1-2.

[50] 王春生, 陈惟珍, 陈艾荣. 既有钢桥工作状态模拟与剩余寿命评估[J]. 长安大学学报: 自然科学版, 2004, 24(1): 43-47.

第 2 章 钢箱梁疲劳病害及处置方法探讨

2.1 引 言

虽然正交异性钢桥面板(本文均指带柔性桥面铺装的正交异性钢桥面板)的构造细节和制造技术不断改进,如:由"纵肋断开、横肋贯通(如 Severn 桥)"的构造形式逐渐改进为"纵肋贯通、横梁断开且带弧形切口"的构造形式[1,2];由"全焊连接"变更为部分"面板焊接、纵肋高强螺栓连接"(南京长江二桥)的构造形式[3];闭口纵肋与面板的焊接由"贴面焊接"逐渐改进为熔透深度达到纵肋壁厚的 75% 或 80% 的焊接;取消纵肋与面板连接焊缝通过横肋时的过焊孔;改进闭口纵肋连接嵌补段的钢衬垫板的平整契合度;取消纵隔板竖向加劲肋与桥面板的连接[4~7];柔性铺装的钢箱梁顶板厚度由 12mm(如虎门大桥、江阴大桥、海沧大桥)逐渐增厚到 14mm(如润扬大桥、西堠门大桥、南京长江二桥),再到 16mm(如佛山平胜大桥、嘉绍大桥),甚至 18mm(如郑州桃花峪黄河大桥、港珠澳大桥)[8~11];但不少学者和工程界人员依然严重担忧正交异性钢桥面板的疲劳问题,甚至将其称为正交异性钢桥面板使用的"癌症",认为没有治愈或者预防的可能。

欧美、日本等钢桥应用先进国家逐渐形成了较成熟的正交异性钢桥面板抗疲劳设计规范[12,13]。在此过程中,正交异性桥面板钢桥第一条疲劳裂纹的出现时间,也由 20 世纪 50 年代修建桥梁通车后平均 5~6 年[14],到 80 年代修建桥梁通车后平均 25~28 年[15],再到 21 世纪初修建桥梁通车后的更长时间。这坚定了我国学者进行正交异性板抗疲劳研究和抗疲劳设计的信心。但由于我国的车辆状况、桥梁设计规范、施工工艺和管理水平等与国外的不同,8~10 年前修建的正交异性桥面板钢桥不时出现疲劳病害,又加重了业界不少人士对正交异性钢桥面板的疲劳问题的担心,而近年改进设计和制造的正交异性桥面板钢桥经历的时间考验又不足。

众所周知,理论分析、试验研究和实桥应用检验等均是认知和掌握正交异性桥面板疲劳性能的有效途径,也是研发新型抗疲劳技术的重要手段。

针对上述问题，本书拟通过某运营9年悬索桥的钢箱梁构造细节尺寸、运营荷载、相关病害的信息汇集，移动轮载横隔板应力及其相关规律分析，揭示其横隔板疲劳裂纹产生的原因；阐述正交异性钢桥面板的疲劳问题并非不可克服，只要采用科学的设计方法、合理的构造细节和足够板厚，完全可避免设计寿命内的疲劳裂纹发生或确保其疲劳寿命超过设计使用年限等认知理念；对超载及原设计不尽合理构造细节所致的疲劳病害，通过处治方案比较研究，提出可大幅延长其疲劳寿命、施工简单的维护方案或方法。

2.2 原桥钢箱梁抗疲劳构造与运营荷载

某悬索桥主跨跨径350m，双幅10车道。顺桥向吊杆标准间距12m；主跨加劲梁为钢箱梁（见图2.1），高3.5m，单幅宽20.468m（不含风嘴）；标准断面的顶板厚16mm，底板厚14mm，边腹板厚16mm。正交异性桥面系的U形加劲肋厚10mm，上口宽300mm，下口宽170mm，肋高280mm，U肋中心距600mm。横隔板纵向标准间距3.0m；全桥无吊索处横隔板总数180道（单幅90道），每道厚10mm；吊点处横隔板54道，每道厚12mm；实腹式纵隔板厚16mm，横隔板与U肋交界处的弧形切口尺寸见图2.2。

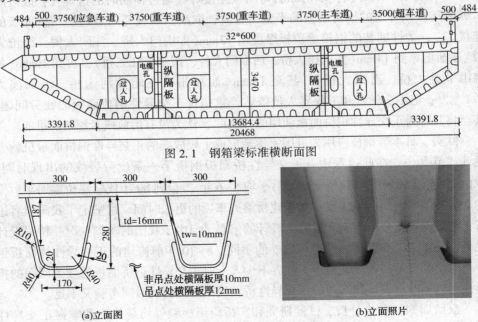

图2.1 钢箱梁标准横断面图

图2.2 横隔板与U肋交界处构造图

该桥于 2006 年建成通车。通车后交通量大，双幅达 9.18 万辆/天（2013 年 8 月 6 日~15 日连续 10 天观测结果为样本）；超载超限车辆相对较多，许多车单轴重超过 25.5t，样本周期内右幅桥（北行方向）实测最大车重为 132.7t，各车道交通荷载最大车重和不同车重的频率见表 2.1。重车道和快车道均存在着超载现象，其中重车道 2 超载现象最为明显，6.3% 的车辆超载。

表 2.1　右幅桥钢箱梁 2013 年 8 月连续 10 天交通荷载统计表

车道号	≤8t 概率/%	>8t 且<55t 的概率/%	≥55t 概率/%	最大车重/10kN
慢车道	95.2	4.6	0.2	100.3
重车道 1	43.9	51.1	5.0	127.4
重车道 2	37.2	56.5	6.3	132.7
快车道	66.7	31.9	1.4	132.1
超车道	99.9	0.1	0.0	42.9

2.3　钢箱梁病害及产生原因

2013 年 9 月，管养单位在日常巡检中发现少量横隔板与 U 肋的连接部位弧形切口处产生了疲劳裂纹。2014 年 2 月、2014 年 7 月和 2015 年 11 月相关单位先后三次对该桥钢箱梁病害进行了详细检查，发现的病害可分为五类。

（1）横隔板弧形切口处母材开裂

全桥共发现该类裂纹 121 处。其中，左幅箱梁（南行方向）82 处，右幅箱梁（北行方向）39 处。其分布特点及产生原因分析如下：

① 裂纹主要集中在重车道轮迹线下方（中室 15#、16#、18#、19#、22# 及边室 25#、26#U 型肋对应位置）（U 肋从超车道向慢车道依次编号，分别为 1#、2#…33#），个别发生在快车道轮迹线下方（中室 12#、13#U 形肋对应位置），如图 2.3、图 2.4 所示。慢车道及超车道范围内未见该类裂纹，说明该类裂纹与桥面荷载存在极强的相关性。

② 开裂情况如图 2.5 和图 2.6（a）所示。左幅桥病害明显多于右幅桥，左、右幅箱梁的结构构造相同，弧形切口周边裂纹的病害数量却不同。交通量调查表明：左幅通行的重车数量多于右幅，说明该类裂纹与重车交通量有关。

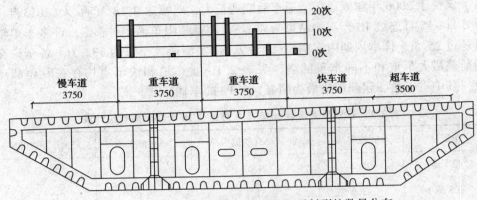

图 2.3 左幅桥（南行）横隔板弧形切口母材裂纹数量分布

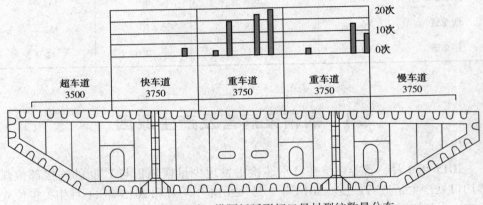

图 2.4 右幅桥（北行）横隔板弧形切口母材裂纹数量分布

③ 该类裂纹主要分布在非吊点处横隔板（10mm 厚）：非吊点横隔板（10mm 厚）115 条，占总数 121 条的 95%；吊点处横隔板（12mm 厚）6 条，占 5%。在 180 道非吊点处横隔板中，39.5% 存在该类病害，在 54 道吊索处横隔板中，7.7% 存在该类病害。说明该类裂纹与横隔板厚度有关。

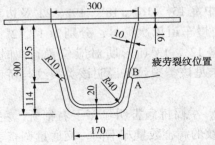

图 2.5 横隔板弧形切口母材开裂与焊缝开裂的位置

（2）U 肋与横隔板连接焊缝处开裂

U 肋与横隔板连接焊缝竖向裂纹，全桥仅发现一处，即左幅 99# 横隔板 19# U 肋与横隔板连接内侧焊缝的竖向裂纹长度 110mm，如图 2.5 和图 2.6（b）所示。

U 肋与横隔板连接焊缝下端围焊焊址处开裂，全桥共发现 4 处。其中，左幅 85# 横隔板 19# U 肋外侧焊缝下端开裂，如

图 2.6(c)所示。

这类焊缝处裂纹数量少、发展慢，且与建造时的焊接质量有关，采取开坡口补焊(针对竖向裂纹)或者打磨重熔法(针对焊址处开裂)处理即可。

（3）纵隔板竖向加劲肋与桥面板的水平焊缝处开裂

全桥共发现该类裂纹 12 处。其中，左幅 101-102# 横隔板间中室外侧纵隔板

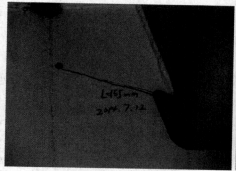

(a)横隔板弧形切口处母材开裂

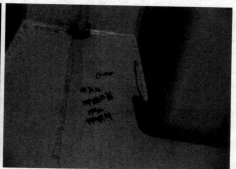

(b)U肋与横隔板连接焊缝竖向裂纹

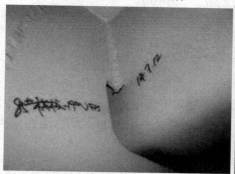

(c) U肋与横隔板连接焊缝下端焊址处裂纹

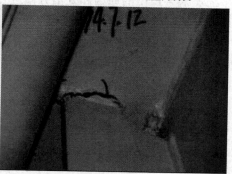

(d)纵隔板竖向加劲肋与桥面板焊缝处裂纹

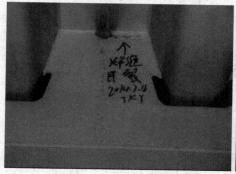

(e)横隔板与U 肋间面板焊接缺陷

(f)斜腹板上端U肋与腹板间的钢板锈蚀

图 2.6　六类病害典型照片

竖向加劲肋与面板连接处裂纹如图 2.6(d)所示。此类裂纹是由于构造不合理造成，较合理的构造是将纵隔板竖向加劲肋上端切除(切除 8cm 长)，使竖向加劲肋不与桥面板接触。

(4) U 肋间桥面板与横隔板焊接缺陷

全桥共发现该类裂纹 3 处。其中，右幅 82#横隔板与其 15#-16#U 肋间面板的焊接缺陷如图 2.6(e)所示。这属于桥梁建造时的焊接缺陷，通过打磨重熔或者开坡口补焊即可解决。

(5) 因积水、涂装脱落导致的钢板锈蚀

该类病害主要集中在箱室斜腹板最上端 U 肋与腹板间的钢板，全桥共 20 余处。锈蚀情况如图 2.6(f)所示。主要是桥面路灯安装时未做好防水处理，雨水通过路灯底座与桥面板的连接螺栓孔流入箱内所致。可采用环氧树脂封闭螺栓孔及电线孔，对锈蚀区除锈、涂装处理。如果附近焊缝开裂，则应在除锈后补焊，再涂装。

以上陈述表明，后四类病害数量相对较少，处置方法相对简单。下面仅对第一、二类病害产生的原因和处治方案进行研究。

2.4　计算基本假定

横隔板弧形缺口未开裂的轮载应力计算采用如下假定：①结构构件均处于弹性范围，不考虑材料非线性和几何非线性；②吊索对钢箱梁的支承为刚性支承，不考虑主缆垂度、吊索弹性拉伸的影响。

横隔板弧形缺口开裂或者加固后的轮载应力计算增加如下假定：①加强板与横隔板在高强螺栓作用下，接触良好且无滑移；②裂纹可受压，不能受拉。③加固钢板均采用 12mm 的厚度，并置于横隔板两侧。

2.5　移动轮载横隔板应力及其规律分析

2.5.1　分析模型

《公路钢结构桥梁设计规范》(JTG D64—2015)规定：桥面系构件采用疲劳荷载计算模型Ⅲ，即单车模型(4×120kN)进行验算。这与欧洲规范(BS EN1991—2：2003)对公路和城市桥梁给出了疲劳活载模式 3 基本一致。考虑到该桥存在较严重的超载现象，原设计采用的《公路桥梁设计通用规范》(JTG D60—2004)中的车辆荷载总重为 550kN，其中后轴重 140kN 与新颁布实施的《公路钢结构桥梁设计规范》(JTG D64—2015)疲劳荷载计算模型Ⅲ相近，本文仍选用 140kN 的中、后轴重加载进行疲劳应力计算。

轮载作用面积按 45°角扩散，根据桥面铺装厚度(5cm)和轮胎着地面积 [0.2m(长)×0.6m(宽)]，得到作用于钢桥面板的均布荷载面积为 0.3m(长)×0.7m(宽)的矩形，均布荷载集度为 0.33MPa，如图 2.7(a)所示。设关心横隔板为纵桥向两相邻吊索之间 1/2 处的横隔板，轮载作用在该横隔板对应的桥面上；考虑到其疲劳应力的车辆荷载影响范围有限[16]，取包含该横隔板在内的纵桥向两相邻吊索之间钢箱梁(不含吊索及其对应的横隔板)为脱离体，边界条件近似取为：两端各节点竖向位移为 0；两端各节点绕横桥向轴转动位移为 0；某端一条边上的各节点顺桥向和横桥向水平位移为 0，其他均自由。

采用通用软件 ABAQUS(6.10)按上述条件建立有限元模型，考虑到弧形切口区域应力梯度较大，且为疲劳敏感区，对此区域网格加密，如图 2.7(b)所示。当加密到 0.2mm 时，计算误差已小于 0.2%，无须再分。网格加密后的模型共包含约 64 万个板单元(S4R)。

(a)整体模型　　　　　　　　　　　(b)弧形切口局部模型

图 2.7　某段钢箱梁有限元模型

2.5.2　最不利加载位置及其单轮轮载应力结果分析

为了确定横隔板弧形缺口区的最不利轮载应力，按以下方式确定工况：

① 采用单轮进行布载；

② 轮载的初始位置位于横向 1 和纵向 1，如图 2.8 所示；

③ 纵移加载方式：轮载横向位置分别为横向 1、横向 3，逐次纵移轮载，前 8 次每次纵移 150mm，再 3 次每次纵移 300mm，再 4 次每次分别纵移 400mm、500mm、1000mm、1000mm，得到纵向 1、纵向 2…纵向 16 的轮载纵向位置，共 32 种加载工况；

④ 横移加载方式：轮载纵向位置分别为纵向 1、纵向 3，逐次横移轮载，前 7 次每次横移 150mm，后 4 次每次横移 300mm，得到横向 0（图 2.8 中未示出）、横向 1…横向 11 的轮载横向位置，共 24 个加载工况。

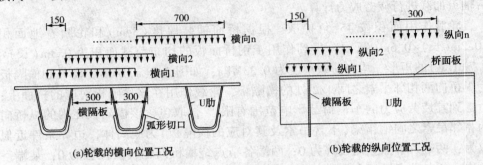

图 2.8　布载工况

图 2.9 中分别示出了轮载纵移和横移 4 种加载方式，共 56 种加载工况的横隔板应力集中区域各自较大（简称应力热点）的两面 mises 应力与轮载位置。图 2.9（a）和图 2.9（b）的横坐标分别以横向 1、纵向 1 的轮载中心位置为横坐标零点。图 2.9（a）中的纵移 1 和纵移 2 的轮载横向位置是不变的，分别为横向 1 和横向 3；图 2.9（b）中的横移 1 和横移 2 的轮载纵向位置是不变的，分别为纵向 1 和纵向 3。图 2.9（a）、图 2.9（b）中，正面为横隔板靠近轮载中心的侧面，反面为横隔板远离轮载中心的另一侧面；A 区为横隔板弧形切口附近两个应力集中区域的主压应力，B 区为主拉应力区，如图 2.10 所示。

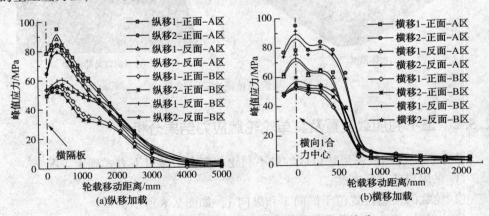

图 2.9　主压、主拉应力较大者与轮载位置关系

纵移加载计算的结果如图 2.9（a）所示，表明：

① 轮载位于关注横隔板的正上方（即纵向 1）时，A 区、B 区均无面外弯曲应

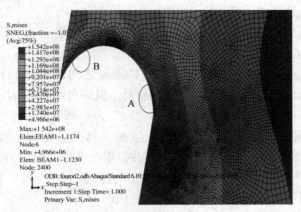

(a) 等效应力(应力峰值分别为154.2MPa和92MPa)

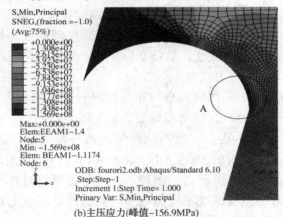

(b)主压应力(峰值−156.9MPa)

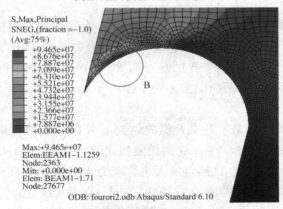

(c)主拉应力(峰值92.0MPa)

图 2.10　计算轮载下的原设计弧形切口周边应力云图

力，面内应力未达到最大值。

此轮载纵向位置下，轮载横向不利位置的 A 区热点正、反两面应力均为79MPa，B 区热点两面应力均为 52MPa。

② 轮载中心距关注横隔板 300mm（两横隔板之间跨距的 1/10）时，A 区、B区的面内应力和面内外组合应力均达到最大，但面外弯曲应力占总应力的比例很小。

此轮载纵向位置下，轮载横向不利位置的 A 区热点正面组合应力较反面大，其值为 97MPa（纵移 1），面内应力为 93MPa，面层面外弯曲应力占总应力的比例为 1.6%；B 区热点反面的组合应力较正面大，其值为 59MPa（纵移 1），面内应力为 56MPa，面层面外弯曲应力占总应力的比例为 5.3%。

出现上述①、②结果的机理解释或许是：轮载作用在关注横隔板的正上方时，由于横隔板对轮载横向的扩散作用较大，横隔板弧形切口附近的面内应力相对较小，而轮载纵移距横隔板一定距离，由于 U 肋间的横向传力作用相对较弱（横向弯曲刚度低），轮载通过 U 肋传至横隔板，使得横隔板弧形切口附近区域受力更为集中，其面内应力较大。

③ 当轮载中心位于关注横隔板与相邻横隔板之间的跨中（距离关心横隔板1500mm）时，面外弯曲应力（或两面应力差）最大，无论 A 区还是 B 区；且面外弯曲应力 B 区比 A 区大得多。虽然此种情况面外弯曲变形较大，但组合应力（幅）最大值下降为最大时的 55%（A 区）和 81%（B 区），且面外弯曲应力仍不超过面内外组合应力的 15%，所占比例较小，这与板厚相对其平面尺寸小很多有关。考虑到疲劳寿命主要取决于应力幅，因而面外弯曲应力对疲劳的影响极其有限。

此轮载纵向位置下，轮载横向不利位置的 A 区热点两面应力分别为 50MPa（纵移 1-反面）、54MPa（纵移 1-正面），两面应力差为 4MPa，最大弯曲正应力与面内主应力之比约 3.8%；B 区热点两面应力分别为 34MPa（纵移 1-正面）、48MPa（纵移 1-反面），两面应力差为 14MPa，最大弯曲正应力与面内主应力之比约 17%。

同前述②的结果比较，轮载此纵向位置下 A 区热点最大组合应力 54MPa 是轮载位于距离关注横隔板 300mm（两横隔板之间跨距的 1/10）时的同一点最大组合应力 97MPa 的 55%，B 区热点最大组合应力 48MPa 是轮载位于距离关注横隔板 300mm（两横隔板之间跨距的 1/10）时的同一点最大组合应力 59MPa 的 81%。

④ 轮载中心距关注横隔板 1.5 倍横隔板间距（4500mm）时，轮载应力可以忽略不计。

如图 2.9（a）所示，当轮载距关注横隔板 1.5 倍横隔板间距（4500mm）时，所产生的应力约为最不利位置时的 2%~4%。

横移加载的计算结果如图 2.9(b)所示,表明:

① 当轮载合力中心位于横向 1(即关注弧形缺口的紧相邻两 U 肋之间的顶板中心位置)时,应力最大。当轮载远离横向 1 的位置时,应力下降较快。

② 弧形切口关注应力点横桥向两侧各 1.5 倍 U 肋间距(1.5×600mm)的轮载影响较大,2.0 倍 U 肋间距(2×600mm)以外的轮载(大小相同)影响小于 3%(可以忽略)。

图 2.9(a)、图 2.9(b)还表明:轮载中心位于横向 1 和纵向 3(轮载纵桥向中心距关注横隔板 300mm 的位置,即 1/10 相邻横隔板之间的跨距)时的弧形缺口面内应力和面内外组合应力均最大(面外弯曲应力占比较小,最大约 5%),无论 A 区还是 B 区。

2.5.3 四轮载最不利位置的有限元计算结果

分析表明,可近似以后轴、左后轮的最不利加载位置作为四后轮的最不利加载位置进行计算。下文的轮载结果均是《公路桥梁设计通用规范》(JTG D60—2004 或 JTG D60—2015)中的车辆荷载总重为 550kN 的后轴共四轮轮载共同作用下的结果。前、中轴因距离较远,其影响可忽略。

由 2.5.2 节分析可知,面内应力和面内外组合应力均最大时的面外弯曲应力占比小。故下文所列结果均只列出最不利工况面内外组合后的最大 mises 应力结果。

最不利位置轮载加载弧形缺口区域的应力云图如图 2.10 所示。其中,等效应力峰值分别位于 A 区(主压应力区)和 B 区(主拉应力区)。A 区等效应力峰值为 154.2MPa,主压应力峰值为 -156.9MPa;B 区(主拉应力区)等效应力峰值为 92.0MPa,主拉应力峰值为 94.6MPa;横隔梁与 U 肋交界位置等效应力峰值为 54.3MPa。

据钢结构设计规范(GB 50017—2003),钢结构第 3 类别构件与连接细节 200 万次容许疲劳应力幅为 118MPa,1000 万次(无疲劳损伤)容许疲劳应力幅为 68MPa;据铁路桥涵钢结构设计规范(TB10002.2—2005),钢结构第 Ⅵ 类别构件与连接构造细节 200 万次的容许疲劳应力幅为 114MPa;公路钢结构桥梁设计规范(JTG D64—2015)附录 C 的正交异性桥面板闭口加劲肋细节类别 70 的 200 万次的容许疲劳应力幅为 70MPa。计算轮载(4×70kN)作用下的弧形切口关注部位应力峰值已大于上述应力幅。因而,在实际更大的反复轮载作用下,弧形切口横隔板寿命有限,运行一定时间后必然开裂。

2.6 横隔板弧形缺口部位加固方案研究

2.6.1 某单位 1 原加固方案及特点

某单位 1 于 2015 年 4 月提出的重车道轮迹线处横隔板加固方案如下：先在裂纹扩展端头（距可见裂纹端头 2～5mm 处）钻制的止裂孔，然后通过高强螺栓把两块补强板（厚均为 12mm）增补在横隔板出现裂纹的区域或裂缝危险区域（裂缝危险区域是指可能会开裂的区域，如离横隔板弧形开口边缘 20mm 内），裂缝危险区域可不开止裂孔，加固示意如图 2.11 所示，螺栓孔具体布置与加强板高度可据裂纹长度进行适度调整。

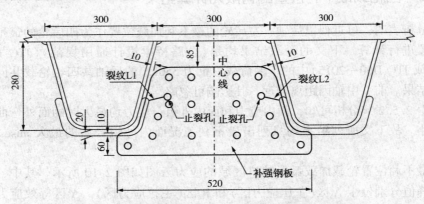

图 2.11 横隔板弧形口处的某设计原修复方案示意图

该方案有两个特点：①未改变弧形缺口形状；②加固板边缘距离焊缝仅 10mm，太近。

该加固方案下最不利轮载加载的 A 点的 mises 应力云图如图 2.12 所示。采用该加固方案加固后，A 区 mises 应力峰值由 154.2MPa 降为 78.1MPa，降幅超过 50%；B 区 mises 应力峰值由原来的 92.0MPa 增加到 117.2MPa（第 2 类病害的位置），且横隔板与 U 肋腹板连接处的应力幅增为原来的 1.4 倍左右（第 2 类病害的位置）。因此，对 1 类病害按原设计维修方案加固后，会导致第 2 类病害产生的风险增加。故不建议采用此方案。

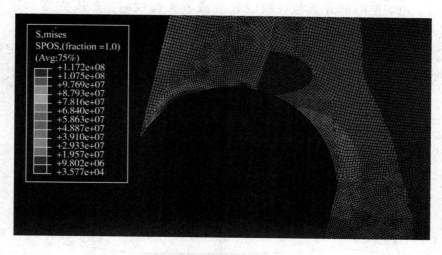

图 2.12 某设计原修复方案的横隔板 mises 应力云图

2.6.2 某咨询单位加固方案及特点

（1）加固方案

某单位 2 于 2015 年 5 月按裂纹长度不同给出了加固方案。

① 长裂纹加固方法：当单侧或双侧裂纹长度大于 100~120mm 时，加固方案示意如图 2.13 所示。

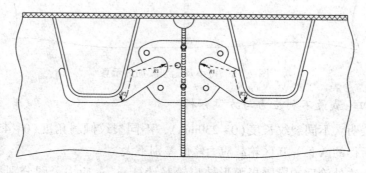

图 2.13 长裂纹加固示意

② 中等长度裂纹加固方法：当单侧或双侧裂纹长度小于 100~120mm 时，加固方案示意如图 2.14 所示。

③ 短小或无裂纹加固方法：当优化的弧形切口半径采用较大值（如

30mm），所切割的部分能包住裂纹长度或者无裂纹时，加固方案示意如图2.15 所示。

　　该加固方案还要求按裂纹不同长度和走向，通过有限元逐一分析和制定弧形切口修改形状和加强板形状。

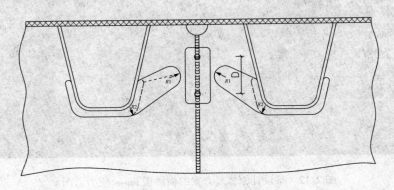

图 2.14　中等长度裂纹加固示意

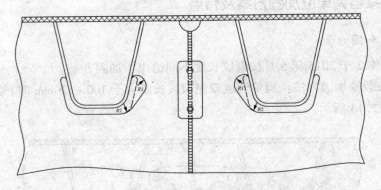

图 2.15　短小及无裂纹加固示意

（2）四轮载最不利应力与方案分析

　　计算表明：不同裂纹长度（0～230mm）、不同裂纹倾斜角度（0～45°）的相同加固方案所得的 A 区、B 区轮载应力峰值差别不大。

　　三种方法处治后的横隔板弧形缺口轮载计算 mises 应力云图分别如图2.16、图2.17 和图2.18 所示。三种加固方案处治后横隔板弧形缺口 A 区、B 区的mises 应力峰值的改善情况及设计院原加固方案改善情况见表2.2。

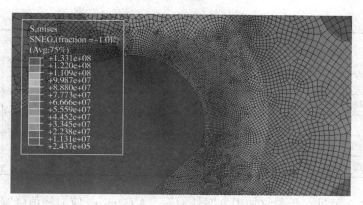

图 2.16　长裂纹(长 130mm)加固后横隔板轮载应力云图

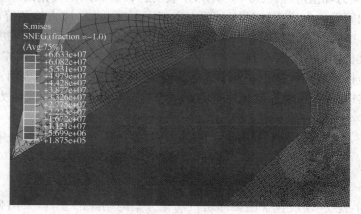

图 2.17　中裂纹(长 70mm)加固后横隔板轮载应力云图

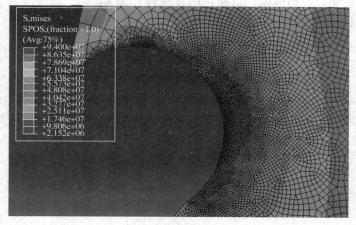

图 2.18　短裂纹或无裂纹加固后横隔板轮载应力云图

表 2.2　不同方案横隔板轮载 mises 应力峰值

项目		A 区		B 区	
		应力峰值/MPa	降幅/%	应力峰值/MPa	降幅/%
加固前		154.2	0	92.0	0
单位 1 原加固方案		78.1	43	117.2	−27
单位 2 方案	长裂纹加固方法	66.3	57	65.2	29
	中等长度裂纹加固方法	133.1	14	43.2	53
	短裂纹或无裂纹加固方法	94.0	39	48.2	48

由表 2.2 可见，长裂纹加固方案处治后，A 区 mises 应力峰值降幅超过 50%，B 区 mises 应力峰值降幅约 30%。计算还表明，长裂纹加固方案的应力降幅主要是板厚增加所致。中等裂纹长度加固方案后，A 区 mises 应力峰值降幅约 10%，降幅有限。中、长裂纹加固方案有以下几个不足：①横隔板刚度削弱明显；②针对不同裂纹长度逐一分析和制定方案，工作量较大；③长裂纹加固方案轮载应力降幅主要是板厚增加所致，未发挥优化弧形缺口的作用。分析还表明，中、短裂纹加固方案中的补强矩形钢板对热点应力区（A 区和 B 区）轮载应力改善程度不大。

在（1）、（2）两方案及其分析的基础上，提出下述优化方案，并给出分析结果。

（3）优化加固方案

① 短小裂纹（裂纹包含在弧形切口优化方案的切除部分）：采用弧形切口优化方法。用切割法结合修磨法改变弧形切口形状，其半径为 35mm（也可用 30mm）的圆弧切口，与圆弧切口相切的直线段长为 84mm，直线段的另一侧也与圆弧倒角相切，如图 2.19 所示。

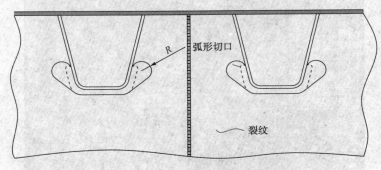

图 2.19　短小或无裂纹弧形切口优化方法

② 较长裂纹(裂纹超出弧形切口优化方案的切除部分)：在短小裂纹弧形切口优化方法的基础上，在裂纹前端 5~10mm 处增加半径 8mm 的止裂孔，并通过高强螺栓在横隔板两面增加补强钢板，螺栓孔(含止裂孔)应根据裂纹长度和走向进行布置，并满足如图 2.20 所示。

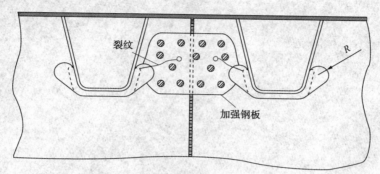

图 2.20　长裂纹的"弧形切口优化+补强钢板"方法

（4）四轮载的最不利应力与方案分析

两种方案加固后的轮载应力云图如图 2.21、图 2.22 所示，两种方案 A 区、B 区的应力峰值及改善程度见表 2.3。

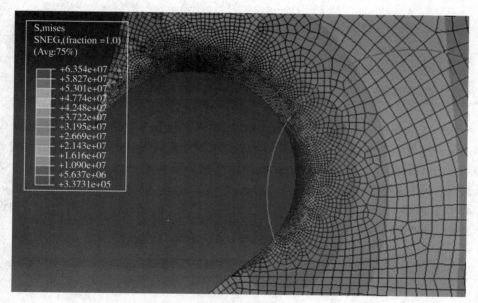

图 2.21　短小或无裂纹弧形切口优化后应力云图

图 2.22 长裂纹(长 100mm)局部加固后应力云图

表 2.3 优化方案的横隔板轮载 mises 应力峰值

项目	A 区		B 区	
	应力峰值/MPa	降幅/%	应力峰值/MPa	降幅/%
加固前	154.2	0	92.0	0
短裂纹或无裂纹的优化加固方法	63.6	58.7	31.9	65.3
长裂纹的优化加固方法	21.8	85.9	41.7	54.6

表 2.3 表明:①采用优化加固方案,无论 A 区还是 B 区,应力峰值降幅至少 54.6%,按疲劳寿命与应力幅的 3 次方成反比的近似关系,疲劳寿命则至少增加 10.7 倍。对长裂纹,无论其长度多长,加强板的形状均一致,方便了施工。② 原设计如将横隔板弧形切口半径由 10mm 改为 35mm,则应力峰值至多为原值的 0.41 倍,改进后的疲劳寿命则为原设计的 14.3 倍,接近或超过桥梁 100 年的设计寿命(原桥现已通车 9 年)。

2.7 结 论

① 柔性铺装正交异性桥面板只要采用合理的结构形式与构造细节,在通常运营荷载下,可确保其疲劳寿命大于设计使用年限,避免在设计寿命内的疲劳裂

纹发生。工程钢箱梁构造细节和尺寸设计基本合理,但弧形切口的半径(10mm)偏小,如半径增大到35mm,则同样运营荷载下的横隔板疲劳寿命将增加14.3倍,接近或超过桥梁设计寿命。

② 轮载作用下,弧形切口区域应力幅最大的加载位置为纵向距横隔板300mm(两横隔板之间跨距的1/10),横向位于横隔板关注锯齿块正上方。

③ 轮载对弧形切口处应力幅的影响范围为:纵向两端各1.5倍横隔板的间距,横向两侧各2.0倍U肋间距。这为模型试验和有限元分析确定模型范围提供了参考依据,有利于提高计算效率,节约模型成本。

④ "横隔板弧形切口区域疲劳开裂的主要原因为面外变形"的传统结论值得商榷。(弧形切口区域)轮载面内外弯曲组合应力幅最不利时,面外弯曲应力占总应力的比例很小,主要为面内应力;当轮载中心位于关注横隔板与相邻横隔板之间的跨中时,面外弯曲应力最大,但面内外组合后应力已大幅下降,且面外弯曲应力与面内应力之比小于20%。

⑤ 该桥横隔板疲劳裂纹处治的较优方案是:对短小裂纹和无裂纹为"优化弧形切口"方法,对较长裂纹为"优化弧形切口+双面补强钢板"方法,且弧形切口优化形状和补强钢板形状可全桥统一,无需随裂纹长度和走向变化,大大方便了施工,有利于确保加固施工的质量。

参 考 文 献

[1] Wolchuk R. Steel Orthotropic Decks: Developments in the 1990s [J]. Transportation Research Record: Journal of the Transportation Research Board, 1999, 1688(1): 30-37.

[2] Connor R J, Fisher J W. Consistent Approach to Calculating Stresses for Fatigue Design of Welded rib-to-web Connections in Steel Orthotropic Bridge Decks [J]. Journal of Bridge Engineering, ASCE, 2006, 11 (5): 517-525.

[3] 曾志斌. 正交异性钢桥面板典型疲劳裂纹分类及其原因分析[J]. 钢结构, 2011, 26(2): 9-15.

[4] Xiao Z G, Yamada K, Ya S, 等. Stress Analyses and Fatigue Evaluation of Rib-to-deck Joints in Steel Orthotropic Decks [J]. International Journal of Fatigue, 2008, 30(8): 1387-1397.

[5] Tsakopoulos P A, Fisher J W. Full-scale Fatigue Tests of Steel Orthotropic Decks for the Williamsburg Bridge[J]. Journal of Bridge Engineering, 2003, 8(5): 323-333.

[6] Ya S, Yamada K, IshikaWa T. Fatigue Evaluation of Rib-to-deck Welded Joints of Orthotropic Steel Bridge deck[J]. Journal of Bridge Engineering, 2010, 16(4): 492-499.

[7] Aygul M, Al-Emrani M, Urushadze S. Modelling and Fatigue Life Assessment of Orthotropic Bridge Deck Details Using FEM[J]. International Journal of Fatigue, 2012, 40: 129-142.

[8] 赵欣欣, 刘晓光, 潘永杰, 等. 正交异性钢桥面板纵肋腹板与面板连接构造的疲劳试验研究[J]. 中国铁道科学, 2013, 34(2): 41-45.

［9］宋广君，华龙海．某斜拉桥钢箱梁横隔板裂缝分析与加固方法研究［J］．桥梁建设，2014，44（04）：107-111.

［10］宋永生，丁幼亮，王高新，等．正交异性钢桥面板疲劳性能的局部构造效应［J］．东南大学学报：自然科学版，2013，43（2）：403-408.

［11］王春生，付炳宁，张芹．正交异性钢桥面板足尺疲劳试验［J］．中国公路学报，2013，26（2）：69-76.

［12］Sim H B，Uang C M，Sikorsky C. Effects of Fabrication Procedures on Fatigue Resistance of Welded Joints in Steel Orthotropic Decks［J］．Journal of Bridge Engineering，2009，14（5）：366-373.

［13］BSI. BS5400 Code of Practice for Fatigue［S］．London：British Standards Institution，1982.

［14］朱劲松，郭耀华．正交异性钢桥面板疲劳裂纹扩展机理及数值模拟研究［J］．振动与冲击，2014，33（14）：40-47.

［15］顾萍，颜兆福，盛博．正交异性钢桥面板栓焊接头疲劳性能［J］．同济大学学报：自然科学版，2013，41（6）：821-825.

［16］张清华，崔闯，卜一之．港珠澳大桥正交异性钢桥面板疲劳特性研究［J］．土木工程学报，2014，47（09）：110-119.

第3章 钢箱梁横隔板疲劳裂纹特征与轮载应力

3.1 引 言

弧形切口处横隔板疲劳开裂是正交异性桥面板钢箱梁常见的疲劳病害[1~6]。一些学者采用足尺节段模型试验[7,8]、有限元分析[9,10]等方法对其疲劳原因或疲劳应力特征进行研究，得出了"弧形切口处横隔板承受的轮载应力为压应力，且大致垂直裂纹方向(另两个方向主应力可视为0)"的初步结论。另一类学者采用定性力学分析，并结合疲劳部位变形特征的方法等进行研究，认为该处疲劳主要由面外变形所致[5]，不认可无拉应力幅(线弹性)的疲劳问题[11]。两类观点差异较大，甚至矛盾。由于足尺节段模型采用的梁高远小于实际梁高[7,8,10]，有限元分析结果受边界条件、单元网格、几何尖点奇异等影响，而力学定性分析又可能忽略了某关键因素。两类观点，哪个更接近客观实际、更反映客观规律，尚未形成公认的认知。对此，本文结合背景工程，考察并给出弧形切口处横隔板疲劳裂纹特征；针对无裂纹横隔板，进行实桥多种纵移和横移工况的轮载应力试验，研究横隔板轮载应力特征及其随轮载纵横向位置变化的规律，为揭示弧形切口处横隔板疲劳机理奠定基础。

3.2 工程概况与横隔板疲劳裂纹特征

（1）背景工程一

广东某悬索桥加劲梁采用正交异性桥面板钢箱梁，梁高3.5m，单幅宽20.468m，单向5车道，如图3.1所示。标准截面顶板厚16mm，底板厚14mm，边腹板厚16mm。正交异性桥面板的纵肋采用闭口U肋形式，板厚10mm，肋高280mm，上口宽300mm，下口宽170mm，具体构造尺寸及U肋间距如图3.2所示。钢箱梁每 3m 设置一片横隔板，每 12m 设置一对吊杆，吊杆处横隔板厚12mm，非吊杆处横隔板厚 10mm。

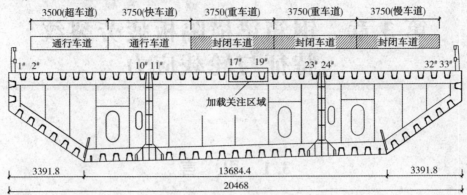

图 3.1　钢箱梁标准横断面图(右幅)

（2）背景工程二

江苏某斜拉桥主梁采用全焊扁平钢箱梁，单箱三室，断面形式与图 3.1 基本相同。梁高 3.5m，梁宽 33.6m，下底宽 26.4m，两纵膈板间距 15.2m，横隔板间距 3.75m。纵隔板除辅助跨及有竖向支撑区段为实腹式外，其余为桁架式；实腹式板厚 10mm（支座处局部加厚至 20mm、30mm），桁架式上下弦杆为 T 形构件，并与顶底板焊接，腹杆采用 $\phi203\times6.5$ 钢管。横隔板除支座处厚 20mm 外，其余板厚 10mm（斜拉索处局部加厚至 16mm）。桥面板 14mm（风嘴顶板厚 20mm）。U肋尺寸及横隔板弧形切口形状，如图 3.2 所示，仅需将其中的肋厚改为 8mm，上翼缘厚改为 14mm，圆弧半径 10mm 者改为 20mm。

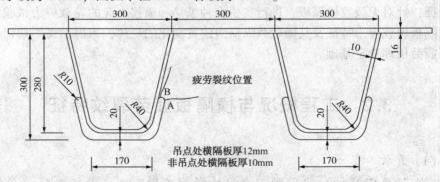

图 3.2　横隔板弧形切口处构造细节及裂纹位置

（3）横隔板疲劳裂纹特征

背景工程一在双幅交通量 9.18 万辆/天、超限超载相对较多、最大重量

1327kN(2013年8月6日～15日统计结果)的车辆作用下，经过9年左右的运行，出现了纵隔板竖向加劲肋与桥面板的水平焊缝处开裂(全桥共12处)、U肋间桥面板与横隔板焊接处开裂(全桥共3处)、弧形切口远离U肋的上起弧点处横隔板母材开裂(下简称"弧形切口处横隔板母材开裂")(全桥共121处)、U肋与横隔板连接焊缝处开裂(全桥共5处)四类裂纹。显然，第一类由构造不当造成；第二类数量少，应主要由焊接质量诱发。这两类诱发原因明确，处治方式简单，不在本书考察之列。第三类即横隔板母材开裂的裂纹的位置与走向如图3.3所示，起裂点均在远离U肋的起弧点附近，它主要分布在非吊点横隔板处(10mm厚)，非吊点横隔板115条，占总数121条的95%；吊点处横隔板(12mm厚)6条，占总数5%。在180道非吊点处横隔板中，39.5%存在该类病害，在54道吊索处横隔板中，7.7%存在该类病害。说明厚度过薄的横隔板弧形切口处更易出现疲劳病害。

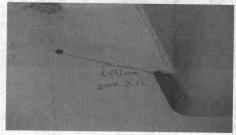

(a)裂纹长度155mm　　　　　　　　(b)裂纹长度80mm

图3.3　横隔板弧形切口处母材裂纹

第四类即U肋与横隔板连接焊缝处开裂的裂纹位于焊趾附近的母材上1处，裂纹长度达到110mm，如图3.4(a)所示，位于U肋与横隔板连接焊缝下端围焊焊趾上有4处，如图3.4(b)所示。

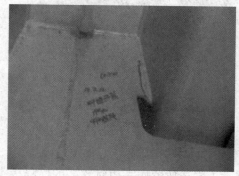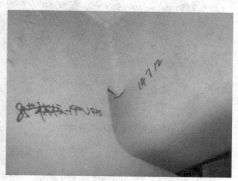

(a)位于焊趾附近母材　　　　　　　(b)位于焊缝焊趾处

图3.4　U肋与横隔板连接处裂纹

背景工程二经过十几年的运行，除出现背景工程一的弧形切口处横隔板母材开裂、U 肋与横隔板连接焊缝处开裂两类裂纹外，还出现了 U 肋纵向焊缝开裂（部分延至 U 肋母材）、纵隔板开裂两类裂纹，如图 3.5 所示。这四类裂纹中，弧形切口处横隔板母材裂纹出现的数量最多，裂纹位置与走向与背景工程一基本相同。考虑到背景工程二的桥面板厚度 14mm（稍薄），背景工程二的纵隔板钢管与连接板横向刚度突变，两者均已较少采用，限于篇幅，亦不将这两类裂纹列入本书考察范围。

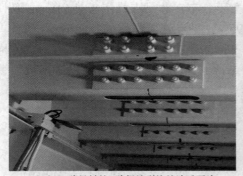
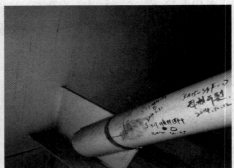

(a)延至U肋母材的U肋焊缝裂纹处治后照片　　(b)纵隔板的弦杆端部裂纹

图 3.5　背景工程二的两类裂纹位置示意图

两背景工程弧形切口处裂纹两侧的横隔板存在明显的面外错动（见图 3.6），错动量最大者近 1mm。

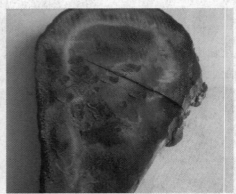

(a)裂纹切除后的新弧形切口　　　　(b)被切除部分

图 3.6　横隔板母材裂纹特征照片

根据研究需要，考虑现场情况，在背景工程一疲劳病害相对较多的横隔板类型（厚 10mm 的吊点处横隔板）中选择暂未出现疲劳病害的横隔板作为试验对象。

经现场踏勘，选择背景工程一的96#横隔板作为试验研究对象。本章下文中，未特别指明者，均指背景工程一。

3.3　加载车与布载工况

为分析方便和研究需要，有限元计算和实桥试验采用了相同的车辆荷载、相同的纵、横向多种布载工况。考虑到正交异性桥面板轮载应力影响线范围有限，车辆荷载仅采用一辆（以下称加载车）。

（1）加载车

综合考虑《公路钢结构桥梁设计规范》（JTG D64—2015）的疲劳荷载模式Ⅲ、《公路桥涵设计通用规范》（JDG60—2004）的车辆荷载模型、该桥实际运营的超载状况，在当地选用轴重和轴距合适的一辆车作为加载车。

加载车的轴距、轮距、车轮着地面积和轴重采用钢尺测量或磅秤控制。轴距、轮距和轴重的测量或控制结果如图3.7所示。中、后轴车轮实测着地面积均为500mm（宽）×99mm（长），轮载通过5cm厚的桥面铺装按45°扩散，作用于钢箱梁顶板的轮载面积约为700mm（宽）×300mm（长）。

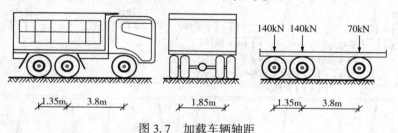

图3.7　加载车辆轴距

（2）布载工况

将试验研究对象——未产生疲劳裂纹的96#横隔板标记为横隔板A。加载车纵向行驶过程中依次通过的横隔板为A、B、C和D，如图3.8（a）所示。横隔板A靠近横隔板B的一侧为正面，远离横隔板B的一侧为反面。在加载过程中对重车道和应急车道的交通进行封闭，超车道和主车道仍保持通行，加载关注区域位于靠近通行车道的重车道，具体封闭车道与测试车道如图3.1所示。

图3.8（a）、（b）还分别示出了所有17个纵移工况和11个横移工况的左后轮位置。在17个纵移工况中，左后轮的横向位置均位于横移5；在11个横移工况中，左后轮的纵向位置位于纵移4。

为慎重起见，纵、横移加载试验在不同时间点重复开展了2次。但第一次试验经验不足，其纵移布载方案缺少纵移 2~纵移 5 工况，横移布载方案缺少横移 1~横移 4 工况。

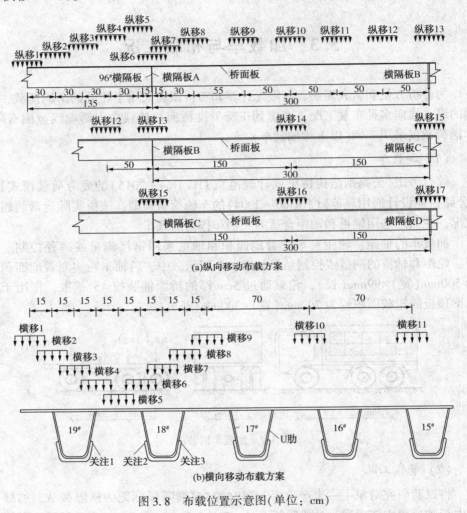

图 3.8　布载位置示意图(单位：cm)

3.4　有限元模型与所得计算结果

经分析，非吊点处横隔板(96#)疲劳问题的有限元计算可采用如下假定：两端对包含考察横隔板在内的相邻吊索之间的钢箱梁段(不含吊杆)脱离体的支承为刚性支承(即端面约束各方向线位移和转动)；脱离体受力处于线弹性范围。

使用通用软件 ABAQUS(6.14)按上述假定与上述的 3.3 节的加载车与各布载工况进行建模计算。

考虑到弧形切口处横隔板厚宽比约 1/10~1/5，所建模型中，所有板件均采用中厚板单元(S4)。此板单元为完全积分单元，具有 4 个积分点，对于提取应力集中区域的单元节点应力具有良好的计算精度。横隔板弧形切口区域应力梯度相对较大且为疲劳敏感区，对此区域进行网格加密，如图 3.9 所示。当网格加密到 0.2mm 时，计算误差已小于 0.2%，此网格模型下箱梁节段共约 64 万个单元。

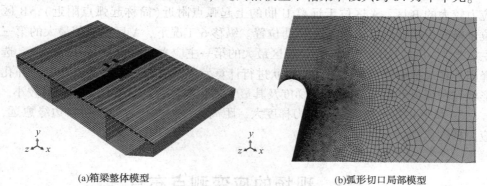

(a)箱梁整体模型　　　　　　　　　　(b)弧形切口局部模型

图 3.9　钢箱梁有限元模型

限于篇幅，本节仅给出纵移 6 工况的弧形切口处横隔板应力云图，如图 3.10 所示。其他计算结果，根据需要在试验结果分析时给出。所有工况的弧形切口处横隔板应力云图相近，只是数值有所变化。

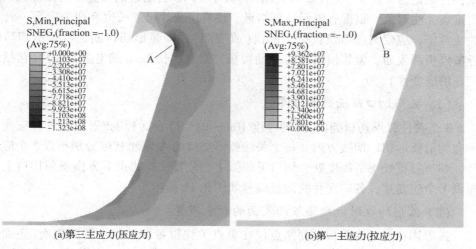

(a)第三主应力(压应力)　　　　　　　　(b)第一主应力(拉应力)

图 3.10　横隔板弧形切口处应力云图(纵移 6 工况)

由图 3.10 可见，加载车作用下，弧形切口处横隔板的应力分布存在以下特点：

① 弧形切口附近横隔板主应力以压应力为主，主拉应力仅分布于弧形切口与 U 肋的交界区域；弧形切口上圆弧位置、下圆弧位置以及上、下圆弧之间的切线位置分布的主应力基本上为压应力；弧形切口上圆弧位置比下圆弧位置的应力集中效应更明显。

② 弧形切口附近存在两处应力较大的区域，即主压应力较大的 A 区和主拉应力较大的 B 区。A 区位于远离 U 肋的上起弧点附近（简称起弧点附近），B 区位于横隔板弧形切口边缘靠近 U 肋位置。纵移 6 工况下，A 区绝对值最大的第三主应力为−132.3MPa（压应力），B 区最大的第一主应力为 93.6MPa（拉应力）。选择国外各规范中建议的弧形切口形状进行计算发现，应力集中区普遍存在，开孔形状与圆弧尺寸对 A 区的应力梯度及其最大值影响显著，对 B 区影响相对较小。

③ 弧形切口处横隔板的应力梯度大，距离板件突变位置或者切口边缘愈远，应力梯度愈小。

3.5　现场的应变测点布置

在未开裂的 96# 横隔板上，选择疲劳裂纹高风险区，即 18# 和 19# U 肋附近的横隔板区域作为测试关注区，如图 3.8(b) 所示。选择 3 个弧形切口作为测试对象，分别记为关注 1、关注 2 和关注 3，其中 19# U 肋附近的关注 1 为弧形切口应力重点关注对象。根据有限元计算结果、现有应变片可能长度和研究需要，针对关注对象，应变测点布设在三类部位（或表面），即弧形切口断面、弧形切口附近横隔板两表面、紧邻横隔板的 U 肋腹板，并选用长 2mm 的电阻应变片（包括应变花的应变片）。

（1）弧形切口断面的测点布置

3 个关注弧形切口断面上（即厚度 10mm 的切口表面）均布置应变片，应变片方向均沿弧形切口切线方向。每个关注弧形切口的 A 区和 B 区分别布设 2 个应变片，切口斜直线 1/2 高度处、切口下圆弧中心位置、U 肋正下方横隔板切口上各布设 1 个应变片，各应变片的测点编号如图 3.11 所示。

（2）弧形切口附近横隔板两表面的测点布置

弧形切口附近横隔板表面测点仅在重点关注位置即关注 1 的两表面（正面和反面）三条特征线（即起弧点水平线、下距起弧点 5mm 的 45° 方向线、平行 U 肋腹板距离 10mm 的直线）上布置。如图 3.12 示出了任一表面三条特征线上各 2 个

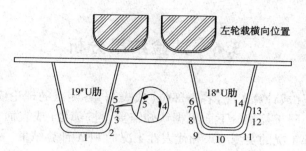

图 3.11　弧形切口断面的应变测点编号

应变花和一个应变片的编号和具体位置。各特征线上的应变片方向与相应位置切口面平行，且距相应切口边缘均为 4mm；各应变花距相应切口边缘均分别为 26mm、86mm（图中 45°方向、平行 U 肋腹板方向直线上的应变片间距未示出）。图 3.12 中，数字编号代表单向应变片，字母编号代表应变花，大写和小写字母分别为正面和反面的编号。

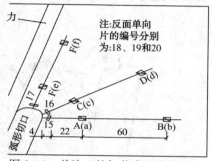

图 3.12　关注 1 的加载表面应变测点分布示意图（单位：mm）

（3）紧邻横隔板的 U 肋腹板的测点布置

仅在横隔板正面侧的 19#U 肋腹板上，横向靠近关注 1 弧形切口位置并排布置 3 个三向应变花。3 个应变花均距横隔板 15mm，最低位置的应变花紧邻弧形切口上缘位置。其具体位置和编号见图 3.13。

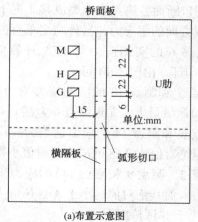

(a)布置示意图

(b)布置现场图

图 3.13　U 肋应变测点布置方案

3.6 试验结果分析

各测试工况(或计算工况)各类部位(或表面)各测点的理论应力值与实测应力值吻合良好。限于篇幅,下面根据认知需要,按部位(或表面)类别,给出典型工况或者全部工况的实测结果和代表性工况的 FEA 计算结果,并揭示其规律。

3.6.1 弧形切口断面应力

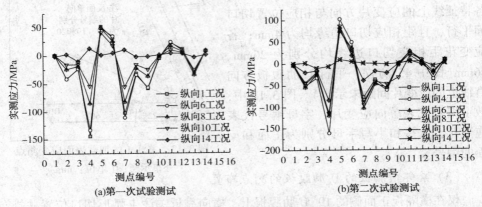

(a)第一次试验测试   (b)第二次试验测试

图 3.14 弧形切口周边应力分布曲线

(1) 典型纵移工况各测点测试值

图 3.14 给出了图 3.11 所示的弧形切口断面各测点在典型纵移工况下的应力测试值。显然,实测的应力值均为沿切线方向的主应力,另外与之垂直的两个方向应力基本上为 0。代表性工况——纵移 6 的实测应力与 FEA 计算应力(图 3.10)吻合良好,实测与有限元计算相互印证。由图 3.14 可见:

① 各纵移工况下,A 区测点 4、测点 7 和测点 13 的实测应力均为压应力,且 A 区测点的应力绝对值在整个弧形切口区域最大,尤以测点 4 为甚。

② 各纵移工况下,B 区测点 5、测点 6 和测点 14 的应力值均为拉应力,且拉应力值相对较大,尤以测点 5 为甚,但绝对值比 A 区的应力绝对值小得多。

③ 弧形切口区域的下圆弧位置(测点 2、测点 9 和测点 11)的应力集中效应也较为明显。测点 2 和测点 9 处为压应力,但其绝对值远小于 A 区压应力;测点 11 处为拉应力,但拉应力值很小,且远小于 B 区拉应力。

④ 切口斜直线 1/2 高度处、切口下圆弧中心位置(测点 1、测点 3、测点 8、

测点10、测点12)的应力实测值均很小。

上述应力分布特征与背景工程一各横隔板 A 区共发现 121 条裂纹，B 区共发现 5 条裂纹，弧形切口其他位置未出现裂纹，且出现裂纹的风险很小或者没有风险的现象相一致。

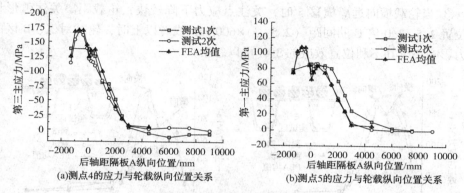

(a)测点4的应力与轮载纵向位置关系　　　(b)测点5的应力与轮载纵向位置关系

图 3.15　弧形切口关键测点应力与轮载纵向位置关系

（2）各纵移工况最不利测点的测试值与计算值

图 3.15 进一步给出了所有纵移工况该部位最不利测点(A 区测点 4 和 B 区测点 5)的 FEA 和两次试验所得的应力值。图 3.15 中，横坐标轴的 0 点是指后轴纵向中心与横隔板 A 的中面重合的位置，即图 3.8 中纵移 6 的位置。由图 3.15 可见：

① 不同纵移工况下，测点 4 的应力均为压应力，测点 5 的应力为拉应力。

② 第二次试验增加的 4 个纵向移动工况捕捉到了应力峰值。测点 4 的实测应力峰值为 -164.8MPa 的压应力，FEA 所得应力峰值为 -170.2MPa；测点 5 的实测应力峰值为 102.9MPa 的拉应力，FEA 所得应力峰值为 103.8MPa。

③ 当后轴位于 -0.75~0.45m 之间时(工况纵移 3 和纵移 4)，测点 4 和测点 5 的应力均达到最大值；当后轴位于横隔板正上方时，两测点应力曲线均出现波谷，这也说明弧形切口处横隔板应力大小与 U 肋传递到横隔板的剪应力密切相关。

④ 当轮载距考察横隔板间距为 3.0m(相邻横隔板间距)或者以上时，轮载对其应力贡献几乎为 0，可忽略不计。

（3）各横移工况最不利测点的测试值与计算值

图 3.16 进一步给出了所有横移工况该部位最不利测点(A 区测点 4 和 B 区测点 5)的 FEA 和两次试验所得的应力值。图 3.16 中，横坐标轴的 0 点是指左后轮位于图 3.8 中横移 5 的位置。由图 3.16 可见：

① 不同横移工况下，测点 4 应力均为压应力，测点 5 应力均为拉应力。

② 横移 5 为其不利横移工况。测点 4 的实测应力峰值为 −163.3MPa，FEA 应力峰值为 −169.6MPa；测点 5 的实测应力峰值为 104.3MPa，FEA 应力峰值为 −107.0MPa。

③ 当轮载横向远离横移 5 时，关注点应力下降较快，轮载距离关注弧形切口位置 2.5~3.0 倍 U 肋间距[(2.5~3)×600mm]或者以上时，轮载对 A、B 区的应力影响小于其不利位置效应的 3%(可以忽略)。

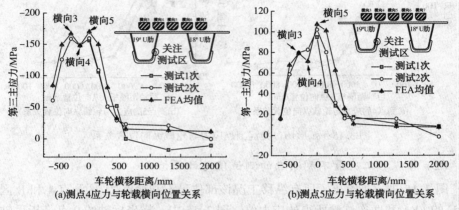

(a)测点4应力与轮载横向位置关系   (b)测点5应力与轮载横向位置关系

图 3.16　弧形切口关键测点应力与轮载横向位置关系

3.6.2　紧邻横隔板的 U 肋腹板测点应力

图 3.17 给出了各纵移工况下横隔板正面侧 U 肋腹板主应力的实测结果、代表性测点 FEA 计算结果。由图 3.17 可见：

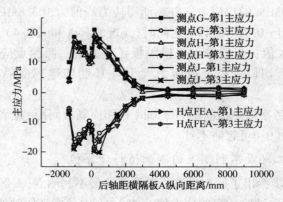

图 3.17　横隔板正面侧的 U 肋腹板应力−荷载纵移位置曲线

① 各纵移工况，紧邻横隔板的 U 肋腹板所有测点主应力绝对值最大者约 22MPa，应力幅较小，无开裂风险或开裂风险小。这与该桥各 U 肋腹板未发现一条裂纹的现象相一致。

② 3 测点对应主应力值较为接近，且各测点的第一主应力和第三主应力大小基本相等，符号相反，说明 U 肋腹板处于纯剪切状态，且受剪切较为均匀。

③ 当后轴位于距横隔板约+15～+30cm 位置时，该横隔板正面侧 U 肋腹板传递的剪应力较大；当轮载位于相邻横隔板及其以外时，轮载对该横隔板两侧 U 肋腹板的应力贡献量几乎为 0。

3.6.3　弧形切口附近横隔板两表面的测点应力

图 3.18 给出了各纵移工况横隔板两表面关键测点(距离弧形切口均为 4mm，A 区 15 号测点、B 区 17 号测点)的应力值。考虑到紧邻弧形切口边缘的横隔板应力梯度大，应变片粘贴位置及两表面测点对应位置的较小偏差将带来测试值及对应点测试差值的较大偏差，为便于分析，图 3.18 不仅给出存在位置偏差的测点 15、测点 17 的应力实测值，也给出不存在位置偏差的相应点 FEA 应力计算值。

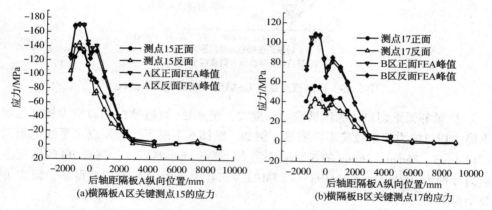

图 3.18　横隔板双面关键测点应力-轮载纵向位置曲线

图 3.19(a)、(b)和(c)分别给出了所有纵移工况下三特征线上距离弧形切口稍远处(距离均分别为 26mm 和 86mm)两面应变花测点的应力实测值(第二特征线反面测点 d 的应力未采集到)。考虑到距离弧形切口稍远处应力梯度急剧下降，应变片粘贴位置及两面测点对应粘贴位置的偏差带来的测试值偏差及对应点测试差值有限，图 3.19 仅给出测点的应力实测值。

对各纵移工况，由图 3.18 和图 3.19 均可见。

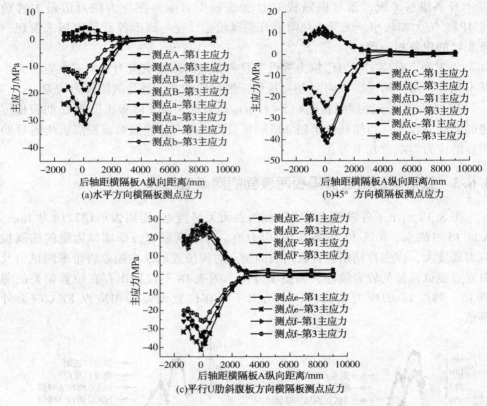

图 3.19　横隔板测点应力-纵向荷载位置关系曲线

①　紧邻弧形切口边缘区域应力梯度大，稍远处（如超过 26mm）应力梯度急剧下降，切口应力集中效应不再明显。例如，纵移 6 工况下，起弧点水平线上距离切口 4mm、26mm、86mm 的 3 个应变测点（测点 15、测点 A、测点 B）的第三主应力分别为 -98MPa、-32MPa、-17MPa。三者中，后两者距离大得多，而应力差小得多。

②　3 条特征线上，距弧形切口边缘愈近，两面应力差愈小，距离愈远，应力差愈大；即使差值较大者，平面外弯曲引起的应力也未超过膜应力的 20%，横隔板应力以膜应力为主。

③　水平和 45°的特征线上，距弧形切口边缘愈近，主应力绝对值愈大；水平特征线上，各测点主要为第三主应力（压应力），其测试所得峰值约 -137MPa。平行 U 肋的测试特征线上，除紧邻切口边缘很小区域外，各测点第一、第三主应力绝对值接近相等，符号相反，且应力较为均匀，说明 U 肋传递剪力且较均匀。

④　紧邻弧形切口边缘测点应力峰值出现在纵移 3 或者纵移 4（后轴距考察横

隔板-0.75m 或-0.45m，中轴距考察横隔板则为 0.6m 或者 0.9m），而距弧形切口稍远处（26mm、86mm）的测点应力峰值则出现在后轴纵向对称作用在考察横隔板上。这说明轮载下横隔板受力一方面通过相邻 U 肋之间的顶板直接传递，另一方面则通过 U 肋腹板传递，且 U 肋腹板传力对弧形切口边缘影响更大。

⑤ 当轮载位于相邻横隔板及其以外时，轮载对弧形切口附近横隔板两表面测点的应力贡献量几乎为 0。

3.7　结　论

① 横隔板母材开裂常出现于远离 U 肋的上起弧点附近；为正交异性桥面板钢箱梁常见的疲劳病害，尤其厚度不超过 10mm、弧形切口形状不甚合理的横隔板；开裂后，裂纹两侧的横隔板常有平面外的错动。

② 远离 U 肋的上起弧点附近的横隔板轮载应力始终为压应力（轮载有影响时，下同，略），且应力绝对值最大；与 U 肋交界附近的横隔板轮载应力始终为拉应力，应力值次之。横隔板平面外弯曲变形引起的应力相对其膜应力很小，特别是弧形切口周边的潜在起裂处，两表面的应力差几乎为 0。

③ 弧形切口处横隔板母材风险起裂处的压应力方向（即自由边方向）与裂纹方向几乎垂直。

④ 在顶板厚 16mm、U 肋厚 10mm 的背景工程一中，紧邻横隔板的 U 肋轮载应力不超过 22MPa，应力幅较小，几乎无开裂风险。

⑤ 当轮载纵向位于相邻横隔板及其以外，或者横向位于距考察位置 2.5~3 倍 U 肋间距及其以外，轮载对横隔板及其附近考察位置的应力贡献量几乎为 0。

⑥ 弧形切口周边轮载应力的最不利纵向加载位置为纵向距该横隔板约 1 倍的 U 肋间距；稍远处轮载应力的最不利纵向加载位置为其正上方。

参 考 文 献

[1] Fisher J W, Barsom J M. Evaluation of Cracking in the Rib-to-Deck Welds of the Bronx-Whitestone Bridge [J]. Journal of Bridge Engineering, 2015, 21(3): 04015065-1~04015065-10.

[2] Tsakopoulos P A, Fisher J W. Full-scale Fatigue Tests of Steel Orthotropic Decks for the Williamsburg Bridge [J]. Journal of Bridge Engineering, 2003, 8(5): 323-333.

[3] 吉伯海，叶枝，傅中秋，等．江阴长江大桥钢箱梁疲劳应力特征分析 [J]．世界桥梁，2016，44(2): 30-36.

[4] 张允士，李法雄，熊锋，等．正交异性钢桥面板疲劳裂纹成因分析及控制 [J]．公路交通科技，2013，30(8): 75-80.

［5］ 曾志斌. 正交异性钢桥面板典型疲劳裂纹分类及其原因分析［J］. 钢结构，2011，26(2)：9-15.

［6］ 张东波. 正交异性钢桥面板疲劳性能研究［D］. 长沙：湖南大学，2012.

［7］ 王春生，付炳宁，张芹，等. 正交异性钢桥面板足尺疲劳试验［J］. 中国公路学报，2013，26(2)：69-76.

［8］ 张清华，崔闯，卜一之，等. 正交异性钢桥面板足尺节段疲劳模型试验研究［J］. 土木工程学报，2015，4：72-83.

［9］ 吉伯海，田圆，傅中秋，等. 正交异性钢桥面板横隔板切口疲劳应力幅分析［J］. 工业建筑，2014，44(5)：128-131，153.

［10］ 唐亮，黄李骥，刘高，等. 正交异性钢桥面板足尺模型疲劳试验［J］. 土木工程学报，2014，47(3)：112-122.

［11］ TB10002.2 铁路桥梁钢结构设计规范［S］. 2005.

第4章 钢箱梁横隔板–U肋交接处割焊残余应力分析

4.1 引 言

正交异性钢桥面板在桥梁工程中应用广泛，但在交通荷载反复作用下，钢桥面板疲劳问题日益突显。尤其钢箱梁横隔板–U肋连接处，日本钢结构委员会明确指出其连接位置为疲劳易发区。近期，有观点提出，由于正交异性桥面板在制作中的高温热加工工艺引起较大的残余拉应力，使得原本车辆轮载作用下的弧形切口处压应力区也出现疲劳裂纹[1]，因此该区域的热残余应力分布亟需研究。

在热加工残余应力方面，机械与焊接领域已开展了许多研究[2]。而钢桥领域对残余应力的研究才逐渐开展，Cui C[3]利用有限元模型分析顶板–U肋焊接残余应力，研究了随机交通流联合作用下的疲劳性能。曹宝雅[4]采用ANSYS对顶板–纵肋焊接细节进行了数值模拟，重点分析了板件厚度变化对焊接残余应力的影响规律；钟雯[5]对Q370qE钢桥面顶板–纵肋焊接细节残余应力进行了研究分析，并利用有限元软件分析顶板下表面残余应力分布。以上分析主要集中于顶板与U肋交接处残余应力分析，未见从切割–焊接残余应力的角度对钢箱梁横隔板–U肋位置(尤其是弧形切口处)的残余应力分布规律进行系统的研究。王春生[6]研究了正交钢桥面板横隔板–U肋位置和纵肋与顶板位置的焊接残余应力，但未考虑顶板和U肋的真实刚度及横隔板横肋框架约束效应，也未考虑热切割过程的影响。因此，有必要对横隔板–U肋连接位置热切割–焊接全过程热力耦合效应进行分析，掌握其残余应力分布规律。

本文通过有限元通用软件ABAQUS建立三维实体单元非线性切割和焊接模型，利用Fortran语言编写子程序定义移动热源模型，将热切割残余应力与变形场叠加到焊接有限元模型，并且建立弹性约束边界条件模拟钢梁截断部位真实刚度，研究横隔板–U肋交接部位残余应力的分布特征，为钢箱梁桥面板疲劳机理研究提供参考。

4.2 有限元模型

4.2.1 限元模型尺寸

为模拟现代桥梁焊接工艺，模型采用三个阶段完成：①0~61.087s 为横隔板切割阶段；②561.087~634.06s 为横隔板与顶板焊接阶段；③1034.06~1145.57s 之间为横隔板与 U 肋焊接阶段。每段工艺后构件冷却到 20℃后再进入下一阶段（其中 61.087~561.087s、634.06~1034.06s、1145.57~1645.57s 为使模型冷却而设置）。

根据对称原理，取正交异性钢桥面板横隔板处作对称截断处理，建立 C3D8T 六面体传热单元有限元模型，编写 DFLUX 子程序模拟集中热源移动过程，采用热-结构直接耦合的方法计算变形和应力。图 4.1 为模型三维尺寸图，横隔板与 U 肋为双面角焊缝，焊角尺寸为 6.5mm。在横隔板上取应力测点 1、测点 2，并以测点为原点分别作测量路径 A、B。

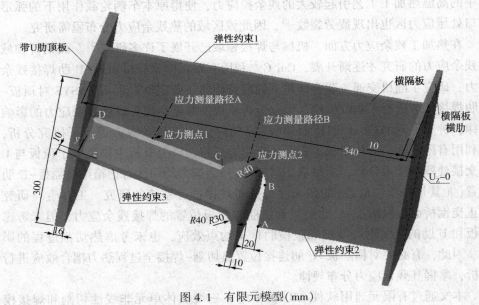

图 4.1 有限元模型(mm)

4.2.2 边界条件

第一步为横隔板切割成型，模型单元数为 48966，通过切割热源移动的同时一步步杀死被切割单元来模拟火焰切割过程的进行。图 4.2(a)为切割模型所设坐标系，模型切割以 A 点为割缝生成的起点，依次经过点 B、C，到达终点 D 完成切割过程。其位移边界条件设置如下：①AG、EF 边设置对称约束；②FG 边设置其法向位移约束。

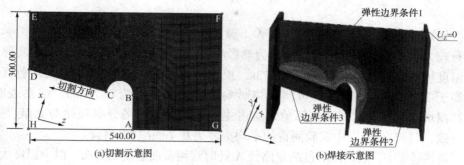

(a)切割示意图　　　　(b)焊接示意图

图 4.2　有限元模型边界条件

通过焊接热源移动的同时一步步生成焊缝单元的方法模拟横隔板焊丝填充过程，模型单元总数为 110872。传统模型通常直接约束截断面平动或转动而造成边界条件约束过强，而边界条件对残余应力分布形式影响非常大，强约束条件会对结构安全相当不利[7]。考虑 U 肋和顶板可延性和结构的基本柔度影响以及横隔板横肋框架约束效应，建立了基于连续介质弹性理论的线弹性边界约束条件及坐标系如图 4.2(b)所示，在顶板和 U 肋及横隔板截断面均设置弹性约束，在焊有横向加劲肋的横隔板处设置 z 轴方向约束。在切割工序完成并冷却后，将带有残余应力的横隔板焊接到 U 肋上。

4.2.3　本构模型

桥梁正交异性桥面板采用 Q345 钢材。由于钢材热工参数和高温本构参数尚不统一，参照欧洲规范对文献[8~10]的材料参数进行汇总修正，得出了 Q345 的温度-材料参数变化曲线，如图 4.3 所示。超出 1600℃按线性外推法取值。

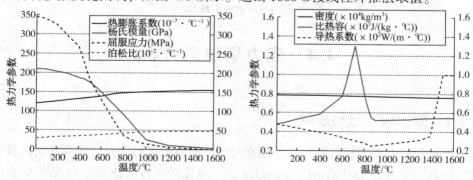

图 4.3　Q345 钢材料参数随温度变化曲线

4.3　温度场结果分析

切割过程中，钢材受高温超过 Ac1 温度线（727℃）时发生共析相变，力学性能有较大改变，高于此温度线区间为热影响区。为了解模拟所得温度场与实际切割温度场符合情况，取时间 $t=41.73s$。模型切片如图 4.4(a)所示，其灰色区域为高于 727℃ 的热影响区，可测得热影响区平均宽度约为 0.75mm。结果表明：在高温域上部，火焰高斯热源的效应占主导地位，温度场分布规律与文献[11]较为一致，且与文献[12]中实验测得的平均宽度为 0.7mm 基本吻合。

焊接过程中，取热源经过测量路径 A 处时观测截面温度场分布。以中温度大于 1450℃ 的区域为焊接熔池区。由图 4.4(b)左右分别为第一道焊缝和第二道焊缝，其灰色区域为熔池区，形状与文献[13]吻合较好，说明建立的有限元模型具有较高的可靠性。

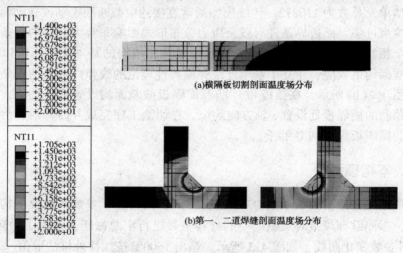

(a)横隔板切割剖面温度场分布

(b)第一、二道焊缝剖面温度场分布

图 4.4　剖面温度场

4.4　应力场结果分析

4.4.1　残余应力分布规律

针对正交钢桥面板横隔板与 U 肋交接处、横隔板弧形切口处疲劳易裂区域的分布特点，分析 U 肋处残余应力分布规律。虚化横隔板云图影像后观察 U 肋应力分布如图 4.5 所示，其左右分别为 U 肋外面(靠横隔板面)和内面(反面)的残余应力分布云图。

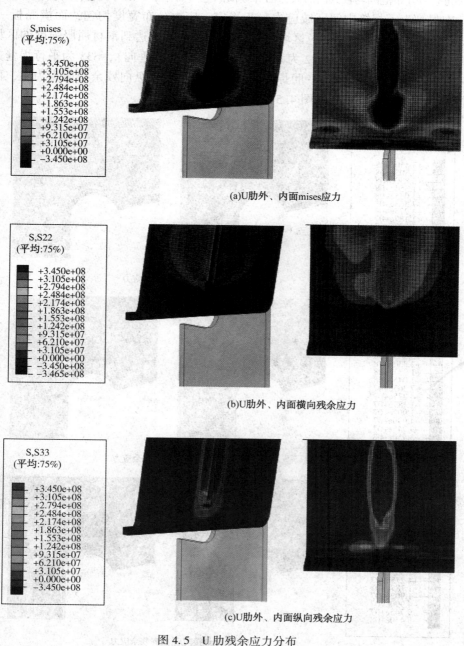

(a)U肋外、内面mises应力

(b)U肋外、内面横向残余应力

(c)U肋外、内面纵向残余应力

图 4.5　U 肋残余应力分布

由图4.5可知，双面角焊缝附近残余大量拉应力。在总体上，U肋外面残余应力大小与高应力分布范围均较其内面大，沿焊缝横向应力明显小于沿焊缝切(纵)向应力。

在局部上，焊缝中间区域应力趋于稳定，应力分布宽度均匀；而横隔板-U肋焊缝尖端处mises应力红色区域大量扩张，表示其中达到钢材屈服强度的区域较大，应力集中明显。以S22为垂直横隔板方向(简称垂向)，S33为平行焊缝方向(简称纵向)，在横隔板-U肋焊缝尖端处，U肋上以纵向残余拉应力为主，而其他方向残余应力较小，如图4.5(b)、(c)所示。

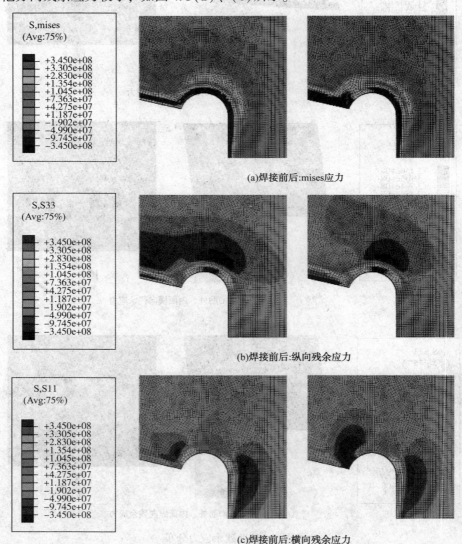

图4.6　弧形切口处焊接前后残余应力图

图4.6为横隔板在焊接前后应力云图（左侧为焊前、右侧为焊接后），图中S11为垂直于焊缝且平行于横隔板方向（简称横向）。可见火焰切割使得割缝附近生成大量残余应力，以超过Q345的屈服强度的区域为高应力区域，其宽度约10mm。而在弧形切口与纵向相切处[图4.6(b)]，其残余应力值超过材料屈服强度且远大于沿横隔板横向残余应力，应力集中明显。

焊接作用使得弧形切口靠近焊缝1/4弧段应力变化较大，mises应力下降到材料屈服强度以下。同时在该处产生较大的横向残余压应力，其值达到278MPa。弧形切口测点2横向残余应力虽有所降低，但是由于纵向约束较强，同时距离热影响区较远，使得纵向残余应力变化不明显。以上残余拉应力超过材料屈服强度，可对钢箱梁U肋疲劳表现造成不利影响。

4.4.2　路径A、B残余应力分布规律

为进一步分析钢箱梁横隔板–U肋交界处残余应力场分布，在横隔板上取测量路径A、B。路径A的应力分布特征如图4.7(a)所示，由图可知，纵向残余应力远大于其他方向。焊前以纵向残余应力为主，其值远离焊缝区域开始略微减小，焊接前在约5mm处拉应力剧烈减小而后转压应力，在20mm处出现压应力峰值后逐渐趋向0。焊接作用后纵向拉应力区向腹板中心扩大，影响区扩大接近3倍，但高应力区拉应力峰值没有明显变化。焊接作用使得焊缝附近区域的纵向残余应力全部转为拉应力且其值与mises应力值接近，这是焊接时高温的二次作用且热影响区宽度剧增所致。而结构其他两个方向残余拉应力较小，拉应力峰值低于30MPa，且变化不明显。

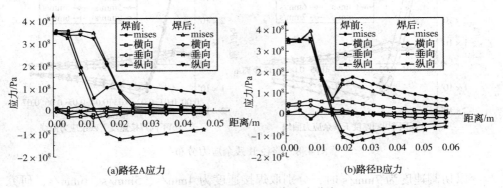

图4.7　路径A、B残余应力分布

测量路径B应力分布如图4.7(b)所示，由图可看出，割缝向外会有一个拉应力上升区，在距其约10mm处达到最大值，其值超过400MPa，而后应力迅速转变成压应力，在距其23mm处出现压应力峰值最后趋近于0。焊接前后应力分

布规律基本一致，其中 2 点纵向残余应力下降 10MPa，横向残余拉应力下降 19.89MPa。这是因为路径 B 远离焊接区，焊接全过程中其温度一直处于 100℃ 以下，温度直接影响较小。在 B 路径距离割缝约 20mm 处，纵向压应力值下降 28.2MPa，横向残余应力下降最为明显，残余应力值下降 40.86MPa，约 70%。说明焊接直接增加横隔板焊缝附近高应力区宽度，同时产生远端压应力，减小弧形切口处横向残余应力分布。

4.5　加工工艺对残余应力的影响

不同的热源移动速度直接决定单位时间内的热输入量，从而影响残余应力的分布。因此本节重点研究切割速度以及焊接速度分别对弧形切口的残余应力影响。

取焊接速度为 4mm/s，观察改变切割速度对弧形切口残余应力的影响，分别取切割速度为 5mm/s、6mm/s、7mm/s，研究测量路径 B 的残余应力分布，如图 4.8(a)所示。结果表明：随着切割速度增加，横向割缝处拉应力有所上升，距割缝 15mm 处峰值拉应力有所减小，曲线更加平滑；纵向割缝边缘的拉应力极值轻微升高，但高应力区宽度和压应力峰值亦减小。因此在热切割工序中，选用较高的切割速度有利于减小横隔板弧形切口自由边附近残余拉应力分布范围。

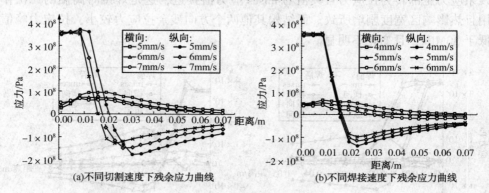

(a)不同切割速度下残余应力曲线　　(b)不同焊接速度下残余应力曲线

图 4.8　路径 B 残余应力分布

以切割速度为 7mm/s 时，分别取焊接速度为 4mm/s、5mm/s、6mm/s，研究不同焊接速度条件下，测量路径 B 的残余应力分布，如图 4.8(b)所示。结果表明：随着焊接速度增加，纵向残余拉应力分布规律不变，其值有所增加；横向残余拉应力有所减小。这是因为，焊接热源离弧形切口关注区较远，温度对此处作用尚在弹性之内，没有本质地改变其应力分布，但由于焊接速度越慢产生远端压应力越大，使得拉应力减小。因此在横隔板焊接时，选用较低的焊接速度有利于减小弧形切口纵向残余拉应力值。

4.6 结 论

① 正交异性桥面板弧形切口割缝处残留大量切向拉应力，高应力区宽约10mm，其值超过材料的屈服强度，影响桥梁结构的疲劳性能。焊接施工直接影响弧形切口应力分布特点，由于孔径较大，在距离U肋较近的1/4弧段产生约278MPa残余压应力，并明显减小测点2处横向残余拉应力。

② 焊接使原切割残余应力影响宽度扩大接近3倍，U肋与横隔板焊缝处存在沿焊缝方向残余拉应力，其值超过材料屈服强度，且在焊缝末端应力集中更明显，范围更大。进行横隔板-U肋连接处的疲劳分析时，建议重点关注焊缝末端细节的疲劳损伤。

③ 割缝处高应力区宽度随切割速度的减小而增加，但峰值应力变化不明显；弧形切口处残余应力值随焊接速度增大而增加，但高应力区宽度变化不明显。选择合理的横隔板切割与焊接速度，有利于减小弧形切口处的残余应力和高应力区，优化其疲劳性能。

参 考 文 献

[1] 柯璐，林继乔，李传习，等. 钢箱梁横隔板弧形切口疲劳性能及构造优化研究[J]. 桥梁建设，2017，47(05)：18-23.

[2] Bennebach M，Klein P，Kirchner E. Several Seam Weld Finite Element Idealizations Challenged in Fatigue Within a French Industrial Collaborative Workgroup[J]. Procedia Engineering，2018，213：403-417.

[3] Cui C，Zhang Q H，Luo Y，et al. Fatigue Reliability Evaluation of Deck-to-rib Welded Joints in OSD Considering Stochastic Traffic Load and Welding Residual Stress[J]. International Journal of Fatigue，2018，111：151-160.

[4] 曹宝雅，丁幼亮. 板件厚度对钢桥面板顶板纵肋焊接残余应力的影响分析[J]. 东南大学学报(自然科学版)，2016，46(03)：565-571.

[5] 钟雯，丁幼亮，王立彬，等. Q370qE钢桥面板顶板-纵肋焊接残余应力试验研究[J]. 东南大学学报(自然科学版)，2018，48(05)：857-863.

[6] 王春生，翟慕赛，唐友明，等. 钢桥面板疲劳裂纹耦合扩展机理的数值断裂力学模拟[J]. 中国公路学报，2017，30(03)：82-95.

[7] 韦智元. 船体构件切焊连续加工中的残余应力问题研究[D]. 大连：大连理工大学，2017.

[8] Raphaël Thiébaud, Drezet J M, Lebet J P. Experimental and Numerical Characterisation of Heat Flow During Flame Cutting of Thick Steel Plates[J]. Journal of Materials Processing Technology, 2014, 214(2): 304-310.

[9] 郇志乾. 复杂钢结构焊接过程数值模拟与试验研究[D]. 北京: 清华大学, 2016.

[10] Nezamdost M R, Esfahani M R N, Hashemi S H, et al. Investigation of Temperature and Residual Stresses Field of Submerged Arc Welding by Finite Element Method and Experiments[J]. International Journal of Advanced Manufacturing Technology, 2016, 87(1-4): 615-624.

[11] Bae K Y, Yang Y S, Yi M S, et al. Numerical Analysis of Heat Flow in Oxy-ethylene Flame Cutting of Steel Plate[J]. Journal of Engineering Manufacturing, 2016, 232(4): 742-7751.

[12] 陈丽园. 切割热影响区对 Q345E 低合金钢焊接接头组织和性能影响的研究[D]. 大连: 大连交通大学, 2011.

[13] Biswas P, Mahapatra M M, Mandal R N. Numerical and Experimental Study on Prediction of Thermal History and Residual Deformation of Double-sided Fillet Welding[J]. Engineering Structures, 2009, 74: 233-241.

第 5 章 基于监测数据的钢箱梁 U 肋连接焊缝疲劳可靠性分析

5.1 引 言

近年来，钢箱梁疲劳一直是国内外学者高度重视的热点问题[1]。反复作用的车辆荷载是导致疲劳病害的关键原因，各国相继编制了设计规范，如欧洲 Eurocode3、英国 BS5400、美国 AASHTO、中国《公路钢结构桥梁设计规范》（JTG D64—2015）等，规范中给出了用来疲劳验算的标准车辆模型。目前，用于钢桥疲劳研究的方法主要有数值模拟[2]、模型试验[3]和现场实测[4,5]等，采用规范中的标准疲劳车进行有限元数值模拟和室内模型试验加载得出的是确定性的结果，但桥梁在长期服役过程中始终承受车辆引起的变幅荷载，疲劳损伤不断累积，因此疲劳分析前有必要先明确该桥的交通荷载特征及各车道随机车流差异性[6,7]，且正交异性钢箱梁受体系构造、受力特性及加工制造工艺等多重因素的耦合影响[1]，这些因素导致钢桥疲劳寿命评估成为概率问题，因此研究钢桥细节疲劳可靠性具有重要意义[8,9]。

获取疲劳应力谱在钢桥疲劳寿命评估中至关重要，一种方法是对桥梁车辆荷载进行统计分析，获得体现桥梁运营状态的车辆荷载谱，从而进行荷载历程模拟与疲劳应力谱计算。文献[10]建立了基于实测数据的随机流模型，运用数值模拟的方法得到了稀疏和密集运营状态下钢箱梁构造细节的疲劳应力循环，对悬索桥钢箱梁构造细节疲劳损伤和疲劳寿命进行了研究。文献[11]在文献[10]的基础上，运用 UD-SVR 解决了随机车流在有限元应力计算中的耗时问题。

另一种方法是直接运用应变监测数据获得真实应力历程来提取应力谱，因荷载谱和有限元模型均存在简化和假定，与实际情况存在差异，且疲劳寿命对应力幅非常敏感，因此采用第二种方法得出的结果更有可靠性与精确性[4]。文献[6]进行了运营状态下悬索桥钢桥面板疲劳效应监测与分析，研究了顶板-U 肋焊缝和

U 肋对接焊缝处的疲劳效应和车流量及环境温度的相关性。文献[12,13]运用 S-N 曲线和 Miner 线性损伤累积理论，研究了钢箱梁顶板-U 肋焊缝基于长期监测数据的疲劳可靠度随时间的变化规律、荷载效应随机性及车辆荷载的增长对可靠度的影响。文献[14]基于长期监测数据，运用线弹性断裂力学理论提出了大跨度桥梁构造细节疲劳可靠度的评估方法，得到了顶板-U 肋焊缝的断裂抗力 R 的概率分布函数，以及车辆荷载增长条件下构造细节的疲劳可靠性时变规律。文献[15]给出了多因素影响的疲劳可靠度模型，得出应力集中效应和钢材锈蚀对钢桥焊接节点的疲劳可靠度有较大影响的结论。文献[16]分析了美国 Neville Island 桥 29 天和 Birmingham 桥 40 天应变监测数据，根据日应力谱得到等效应力范围 S_{eq}，研究了两座桥构造细节的疲劳可靠度。

目前用于可靠度计算的方法多样，但都或多或少存在问题，如一次、二次可靠度法无法求解隐式功能函数，且对于非线性较强的复杂结构不易收敛，二次多项式响应面法精度不够，BP 神经网络响应面法易陷入局部最优；蒙特卡罗法需大量抽样、效率低等问题。由于均匀设计方法（UD）比其他试验设计方法试验次数更少，更适用于多水平与多因素又限制次数的试验设计。径向基神经网络法（RBF）在选取逼近能力、学习速度与泛化能力等方面均优于 BP 神经网法，能有效求解高次多元非线性函数。与普通蒙特卡罗法（MC）方法相比，重要蒙特卡罗法（IMC）保持原有样本期望不变，改变抽样重心，减小其方差，增加了对最后结果贡献大的抽样出现的概率，可有效提高抽样效率，减小运算次数[17,18]。因此，综合考虑两者优点，采用 UD-RBF-IMC 相结合的算法求解基于短期监测数据的钢箱梁细节疲劳可靠度指标具有重要意义。

本章首先基于 WIN 动态称重系统采集的数据，对已服役 9 年的某悬索桥各车道行驶车辆的车型、轴重、总重、是否超载等进行统计，建立了实际车流数据库，明确了该桥交通荷载特征及各车道随机车流差异性，然后对各车道下 U 肋对接焊缝细节进行了 6 天运营状态下的动应变监测（包括 5 个车道下共 10 个测点），分析了环境温度、采样频率对原始数据的干扰性。运用三点比较法提取应力峰谷[14]，简化雨流计数法获取应力循环。最后，采用均匀设计法抽取样本点，运用 RBF 神经网络响应面法对基于短期监测数据统计的随机变量特征进行样本训练，利用遗传算法（GA）优化参数，搜寻验算点。采用 UD-RBE-IMC 相结合的方法，基于线弹性断裂力学求解了 U 肋对接焊缝的疲劳断裂可靠度，并研究了交通量和轴重增长条件下该细节的疲劳可靠度时变规律，以及随机车流参数变化对该细节疲劳寿命的影响规律。

5.2 桥梁概况与疲劳病害

某单跨双幅自锚式悬索桥，主桥跨度布置为 39.64(锚跨)+5×40+30(边跨)+350(主跨)+30(锚跨)+29.60(m)，总长 680.20m，双幅 10 车道，主跨钢箱梁，单幅宽 20.468m(不包括风嘴)，高 3.5m；标准断面的顶板厚 16mm，边腹板厚 16mm，实腹式纵隔板厚 16mm，底板厚 14mm。正交异性桥面系的纵向 U 肋断面为 300mm×280mm×10mm，中心距为 600mm(U 肋编号从超车道向慢车道顺序进行。超车道室共 10 个 U 肋，编号 1#~10# U 肋；中室共 13 个 U 肋，U 肋编号 11#~23#，慢车道室共 10 个 U 肋，U 肋编号 24#~33#)。横隔板厚在吊点处为 12mm，非吊点处为 10mm，横隔板间距为 3.0m。钢箱梁构造及裂纹在横桥向各处的数量见图 5.1。

该桥运营 8 年左右，出现 4 种疲劳病害：①横隔板弧形切口处母材开裂，共 121 处，左幅的该类裂纹数量分布见图 5.1。②顶板与纵隔板竖向加劲肋的水平焊缝处开裂，共 12 处。③横隔板与 U 肋焊缝处开裂，共 5 处。④横隔板与 U 肋间桥面板焊接处开裂，共 3 处[2]。U 肋对接焊缝处暂未检测到裂纹，作为六类常见病害之一，为对该位置疲劳寿命进行评估，进一步了解该桥抗疲劳特性，基于 WIM 动态称重系统数据分析了该桥交通荷载特征及各车道随机车流差异性，然后对左幅各车道进行了实桥荷载试验。

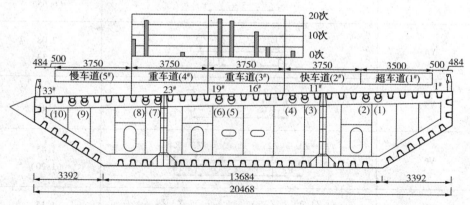

图 5.1 钢箱梁标准横断面及 U 肋底面的动应变测点位置

5.3   交通荷载特征

5.3.1   车型分类

依据 WIM 动态称重系统采集的车轴轴距将车型简化为 10 类，见表 5.1，比例栏中括号外数据对应左幅车型比例，括号内数据对应右幅车型比例，由于 V1 车型总重小于 30kN，对桥梁的疲劳损伤很小，可不考虑，英国桥规 BS5400 也采取了此方法。故应用于疲劳分析的车型为 V2～V10，共 9 种车型。

表 5.1   该悬索桥交通荷载车型分类

车型	车型示意图(轴距)/m	比例/%
V1	—	57.58 (76.34)
V2	Z1 Z2 3.2	20.28 (7.75)
V3	Z1 Z2 5.3	10.81 (6.65)
V4	Z1 Z2 Z3 4.1 1.3	2.08 (2.33)
V5	Z1 Z2 Z3 1.8 5.4	1.79 (1.54)
V6	Z1 Z2 Z3 Z4 1.8 4.5 1.3	1.45 (1.20)
V7	Z1 Z2 Z3 Z4 3.6 7.3 1.3	1.15 (0.77)
V8	Z1 Z2 Z3 Z4 Z5 3.5 7.1 1.3 1.3	1.44 (0.87)

续表

车型	车型示意图(轴距)/m	比例/%
V9	Z1　　Z2 Z3　　　　　　Z4 Z5 Z6 　3.3　1.3　　7.2　　1.3 1.3	2.73 (2.12)
V10	Z1　Z2　　Z3　　　　　Z4 Z5 Z6 　1.8　2.6　　　8　　1.3 1.3	0.69 (0.43)

根据动态称重系统所得到的交通车辆荷载数据可知，6 轴以上的车占总交通量的比例不到万分之一，故在以上车型分类时未计 6 轴以上的车。各车型比例数据表明，总重小于 30kN 的 V1 车型占总车辆数的比例最大，左、右幅 V1 车型比例分别为 57.58%、76.34%，对桥梁疲劳损伤造成影响的 V2 ~ V10 车型比例左、右幅分别为 42.42%、23.63%。除 V4 车型外，其余车型比例左幅明显高于右幅。

5.3.2　轴重参数分析

本文对该桥各车型的轴重参数进行了统计，依据等效疲劳损伤原理，计算出该桥左、右幅 V2 ~ V10 共 9 种车型中各个轴的等效轴重，见表 5.2 和表 5.3。等效轴重公式为：

$$W_{ej} = \left[\sum f_i \left(W_{ij} \right)^3 \right]^{1/3} \tag{5.1}$$

式中，W_{ej} 是该车型的第 j 轴的等效轴重；f_i 是同一车型的第 i 车辆出现的频率；W_{ij} 是第 i 车辆的第 j 个轴重。

表 5.2　左幅车型等效轴重参数表　　　　　　　　　　　　　kN

	Z1	Z2	Z3	Z4	Z5	Z6
V2	29	52	–	–	–	–
V3	62	124	–	–	–	–
V4	77	105	103	–	–	–
V5	73	79	146	–	–	–
V6	77	85	134	136	–	–
V7	65	128	118	118	–	–
V8	79	130	109	107	110	–
V9	78	121	117	123	121	123
V10	63	63	145	126	122	125

表 5.3　右幅车型等效轴重参数表　　　　　　　kN

	Z1	Z2	Z3	Z4	Z5	Z6
V2	25	57	–	–	–	–
V3	48	108	–	–	–	–
V4	75	135	132	–	–	–
V5	54	57	128	–	–	–
V6	64	69	125	128	–	–
V7	48	85	85	85	–	–
V8	66	137	123	123	118	–
V9	67	124	120	125	124	126
V10	46	46	127	108	106	104

根据该桥车型轴重的分析结果，总体来说，左幅的各车型轴重普遍高于右幅。除左幅的 V2 车型和右幅的 V2、V7 车型外，其余各车型的最大等效轴重均达 100kN 以上。左幅车型的最大等效轴重为 V5 车型的 146kN，右幅车型的最大等效轴重为 V4 车型的 135kN。

5.3.3　车辆总重参数分析

采用 Matlab 数值分析软件统计出该桥左、右幅 V2～V10 车型的车辆总重、车辆超载率（超载标准两轴车型为 20t，三轴车型为 30t，四轴车型为 40t，五轴车型为 50t，六轴车型为 55t）、最大车重及日均交通量见表 5.4。

表 5.4　左、右幅 V2～V10 车型的相关数据统计

	车型	V2	V3	V4	V5	V6	V7	V8	V9	V10
左幅	超载率/%	1.91	32.42	24.41	48.36	45.62	50.15	48.57	66.63	68.98
	最大总重/t	44.6	41.3	65.5	61.3	84.5	85.4	107.2	132.5	117.5
	日均车辆数/辆	8359	4460	862	733	599	479	591	1164	285
右幅	超载率/%	3.27	28.56	42.92	42.01	39.49	17.50	47.78	51.96	42.13
	最大总重/t	41.2	42.5	65.4	63.2	79.5	81.5	108.1	136.5	113.7
	日均车辆数/辆	2689	2308	813	531	416	263	306	734	151

由车辆总重统计结果可知：

① 该桥左、右幅 V2 车型的总重分布变化趋势相同，均为单峰偏态分布［限于篇幅，仅列出左幅 V2 车型，见图 5.2（a）］，且车辆总重总体来说均不大。这是由于 V2 车型主要以中、小型客车为主，超载率较小（均不到 4%）。

② 除 V2 车型以外，其余车型（V3~V10）的车总重均为多峰分布[仅列出左幅 V9 车型，见图 5.2(b)]，且车辆总重总体来说均较大。这是由于 V3~V10 车型的种类较多，且超载率较大，均大于 30%，最大达 69%。

③ 与桥梁左幅相比，右幅 V2~V10 车型车辆总重分析的多峰分布并不明显，特别是四轴及以上（V6~V7）20~30t 之间的峰值现象尤为明显。主要是由于与桥梁左幅相比，超载率较低，且空车率较高。

④ 整体来说，与桥梁右幅相比，左幅 V2~V10 车型的超载率均较大，且左幅 V10 车型的超载率达 69%。左幅 V2~V10 各车型日均车辆数均明显大于右幅，最大达 3 倍。左、右幅 V2~V10 车型的日均车辆总数分别为 1.75 万辆、0.82 万辆，左幅的日均车辆总数（V2~V10）约为右幅的 2.1 倍。检测发现钢箱梁左幅的疲劳裂纹也明显多于右幅。

⑤ 左、右幅 V2~V10 车型随轴数的增加，最大车辆总重也随之增加，基本与轴数成正比。但左、右幅同一车型的最大车辆总重相差很小。

⑥ 该桥交通流量大、重车比例大、超载严重是导致疲劳开裂严重、远不能满足设计使用年限的主要原因之一。

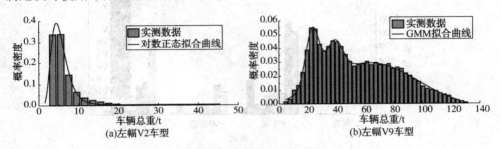

图 5.2　车型总重概率密度分布与拟合曲线图

5.3.4　车道参数分析

在实际调查中发现，重车基本上集中在 3#、4# 车道，1#、5# 车道重车很少，车道分布规律存在较大差异，极易造成疲劳加载集中区域，故为进一步明确车辆荷载沿横桥向的分布特征及后续进行各车道疲劳可靠度评估，本小节采用 Matlab 数值分析软件对车辆行驶车道参数进行了统计分析。由统计可知：

① 3#、4# 车道（重车道）日通行总量（V1~V10）分别为 10142 辆、6619 辆，V2~V10 车型的比例高达 79.6%、70.7%，其中 3# 车道重车（V2~V10）数量明显多于 4# 车道；1#（超车道）、5#（慢车道）日通行总量（V1~V10）分别为 10337 辆、10716 辆，但 V2~V10 车型的比例仅为 28.4%、0.8%。重车道 V2~V10 车型的比例明显高于其他车道。

② 左幅的重车数量远多于右幅，尤其是重车道(3#、4#车道)更为明显，左幅 3#车道的重车数量是右幅的 1.8 倍，左幅 4#车道的重车数量是右幅的 3.6 倍。

③ 该桥单向货车通行量非常大，比例明显偏高，并呈现沿部分车道集中的现象。该桥左、右幅 V2~V10 车型的车道分布如图 5.3 和图 5.4 所示。

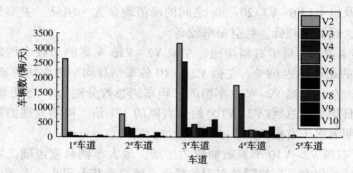

图 5.3　左幅 V2~V10 车型车道分布图

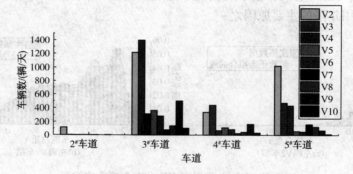

图 5.4　右幅 V2~V10 车型车道分布图

5.4　试验概况

由上节分析可知，该桥各车道的交通荷载特征差异性很大，为研究交通荷载差异性对钢箱梁疲劳性能的影响，于左幅钢箱梁两横隔板中间截面横向选择 10 个 U 肋的底缘，各布置 1 个纵向应变片，每一车道下对应有两个测点，如上图 5.1 中的红色圆圈所指 U 肋(6#、7#、12#、13#、18#、19#、24#、25#、30#、31# U 肋)即为应变测试 U 肋，纵向应变片的编号为 1—10。在该悬索桥正常通行状态下，使用智能信号采集仪进行了 6 天的动态应变采集，采集频率为 100Hz。动应变测点的具体布置方案如图 5.5 和图 5.6 所示。

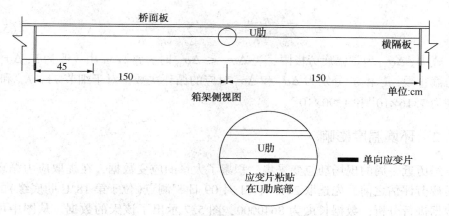

图 5.5　U 肋底面的动应变测点布置方案

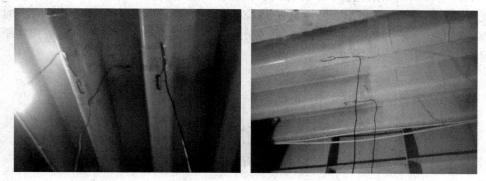

图 5.6　U 肋底面的动应变测点现场布置情况

5.5　原始数据分析

5.5.1　分析方法及计算理论

下面利用三点比较法来提取应力的峰谷[13]，再运用 Downing 和 Socie 得出的简化雨流计数法来获取应力循环。

Eurocode3 规范列出了正交异性钢桥面板典型细节的疲劳类型，针对开口和封闭加劲肋的构造细节也有对应的规定。因此，本文采用 Eurocode3 规范的疲劳强度曲线来进行疲劳损伤计算。根据细节的实际构造和受力特性，U 肋对接焊接的细节类别是 71，并由 Palmgren-Miner 理论可知构造细节在变幅荷载作用下的疲劳损伤计算公式为：

$$D = \sum_{\Delta\sigma_i \geqslant \Delta\sigma_D} \frac{n_i \Delta\sigma_i^3}{K_C} + \sum_{\Delta\sigma_L \leqslant \Delta\sigma_j \leqslant \Delta\sigma_D} \frac{n_j \Delta\sigma_j^5}{K_D} \tag{5.2}$$

式中，$\Delta\sigma_D$ 为常幅疲劳极限，当 $\Delta\sigma_R \leqslant \Delta\sigma_D$ 时，常数 m 由 3 改为 5；$\Delta\sigma_L$ 为应力截止限；n_i 和 n_j 分别为 $\Delta\sigma_i$ 和 $\Delta\sigma_j$ 对应的循环次数；对于细节 71，K_C 和 K_D 分别为 7.16×10^{11} 和 1.90×10^{15}。

5.5.2 环境温度影响

经历近一周的现场动应变采集，积累了大量的应变数据，在提取应力循环与开展疲劳评估之前，先选取 2015 年 11 月 09 日 5#测点(位于第 18#U 肋底缘)的原始数据进行分析，数据长度为 8640000，图 5.7 示出了该天的数据。从图中可以看出，应力原始数据包含了 3 部分内容：①温度引起的昼夜变化的平均应力，呈现为"温度高平均应变小，温度低平均应变大"的规律；②车辆荷载引起的瞬时颤动应力；③应力监测数据中的随机成分。这些应变成分的形成较为复杂，其原因难以确定。

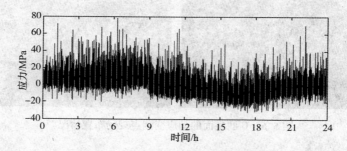

图 5.7 2015 年 11 月 09 日 5#测点应力原始数据

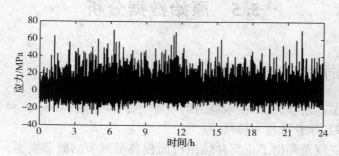

图 5.8 2015 年 11 月 09 日 5#测点消除温度影响应力数据

目前，针对随机干扰成分尚没有有效的方法将其剔除，而对于温度变化引起的平均应力，则可以采用小波变换的方法进行提取，图 5.8 示出了去除温度影响之后的应力数据。在此基础上，采用雨流计数法对图 5.7 和图 5.8 中的应力时程数据进行处理，得到应力谱的计算结果，如图 5.9 和图 5.10 所示。由图可知：

① 低水平应力循环的数量极大，小于 10MPa 的应力循环数量达到 10^6 以上，这部分的应力循环可认为主要来自随机干扰以及重量较轻的车辆等；

② 消除温度影响前后的应力谱差异较小，说明温度日变化对疲劳应力谱的影响较小；

③ 按照 Eurocode3 规范，针对 U 肋对接焊缝，小于 29MPa 的应力循环不会发生疲劳损伤，因此，本文重点关注大于 29MPa 的应力谱及其造成的疲劳损伤，从图 5.9 和图 5.10 可以看出，大于 29MPa 的应力循环数量较小，这一部分应力循环主要由载重卡车引起，总数在 1000 以内，基本反映了该悬索桥车辆荷载的现状。

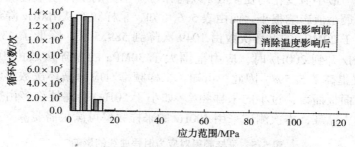

图 5.9　2015 年 11 月 09 日 5#测点应力谱

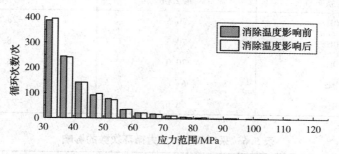

图 5.10　2015 年 11 月 09 日 5#测点大于 30MPa 的应力谱

5.5.3　采样频率影响

选择合适的采样频率是进行疲劳应力有效监测与评估的关键问题之一。本次试验采用的采集频率为 100Hz，在消除温度影响的应力数据基础上，运用 Matlab 中的 resample 命令(resample 是抽取 decimate 和插值 interp 两个的结合)进行重采集，采集频率分别为 200Hz、150Hz、50Hz 和 20Hz，再利用雨流计数法获取应力循环，计算结果见图 5.11。表 5.5 和表 5.6 分别给出了应力时程数据的最值以及应力循环数量的统计结果。

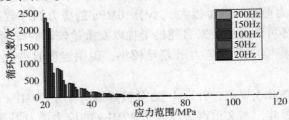

图 5.11 采样频率对应力谱的影响（以 2015 年 11 月 09 日 5#测点数据为例）

从表 5.5 可知，采样频率从 100Hz 降到 20Hz 或升到 200Hz 时，应力时程曲线中最大值与最小值变化均在 4MPa 以内，可知不同的采样频率对应力时程曲线的最大值和最小值影响很小。而由表 5.6 可知，采样频率从 100Hz 降到 20Hz 时，应力范围大于 20MPa 的循环次数由 1049 次降到 589.5 次，降低了 43.8%；采样频率从 100Hz 升到 200Hz 时，应力范围大于 30MPa 的循环次数由 1049 次升到 1107 次，仅提高了 5.5%。因此，可知，采样频率对应力循环次数影响显著，对于公路钢桥面板而言，过小的采样频率（如小于 50Hz）会漏掉许多由交通荷载引起的真实应力循环，本次测试采用 100Hz 的采样频率可满足需要。

表 5.5　采样频率对应力时程曲线的影响　　　　　　　　　　MPa

采样频率	最大值	最小值
200Hz	70.5	−28.8
150Hz	70.3	−28.7
100Hz	70.0	−28.5
50Hz	67.8	−27.7
20Hz	66.6	−27.8

表 5.6　采样频率对应力循环次数的影响

采样频率	大于 20MPa 的循环次数/次	相对于 100Hz 变化幅度/%	大于 30MPa 的循环次数/次	相对于 100Hz 变化幅度/%	大于 40MPa 的循环次数/次	相对于 100Hz 变化幅度/%
200Hz	4333.5	11.5	1107	5.5	432	4.3
150Hz	4130	6.3	1079	2.9	428	3.4
100Hz	3886.5	0	1049	0	414	0
50Hz	2319	−40.3	805	−23.3	331	−20.0
20Hz	1690.5	−56.5	589.5	−43.8	226.5	−45.3

注：表中 20MPa、30MPa、40MPa 是指应力范围。

为具体分析频率大小对应变时程曲线的影响，对原始应变数据去除温度影响后，取 1s 时间段（即频率为 100Hz 时采集 100 次对应的时长），分别采用不同采集频率进行重采集，得出对应的应变时程曲线图进行分析对比，仅给出采样频率为 20Hz 和 100Hz 的比较图见 5.12（a），采样频率为 100Hz 和 200Hz 的比较图见 5.12（b）。由图 5.12（a）可知，仅在 1s 时间段内，两曲线就存在明显差异，20Hz 对应的时程曲线漏掉了很多真实应力循环；由图 5.12（b）可知，采样频率为 100Hz 和采样频率为 200Hz 的时程曲线基本重合。

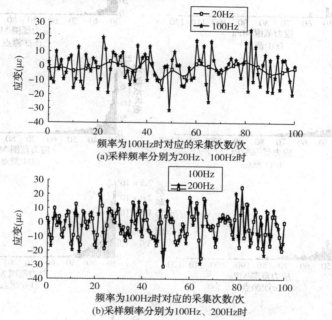

图 5.12　采样频率对应变时程曲线的影响

5.5.4　疲劳应力谱分析

本次测试的测点较多，测试时间较长，现场环境条件复杂，测试数据极有可能存在问题，因此，有必要在进行运营车辆荷载评估及疲劳评估之前对数据的合理性进行分析。为此，选择 2015 年 11 月 09 日所有测点的数据进行分析，图 5.13 给出了去除温度影响后的应力时程数据及相应的应力谱。应力谱中剔除了小于 29MPa 的应力循环。

通过分析得知，测点 6#、9# 和 10# 的应力时程曲线中包含的车辆荷载所引起的瞬时颤动较少，基本都是在某个范围内变化：6# 测点的变化范围大约为 −30 ~ 40MPa；9# 测点的变化范围大约为 −40 ~ 40MPa；10# 测点的变化范围大约为 −20 ~

20MPa。同时，观察这 3 个测点的应力谱也可以发现，循环次数随着循环应力的增大而逐渐连续地减少，而不是随着循环应力的增加而随机地减少，这一现象不符合公路钢桥疲劳应力谱的基本特征。

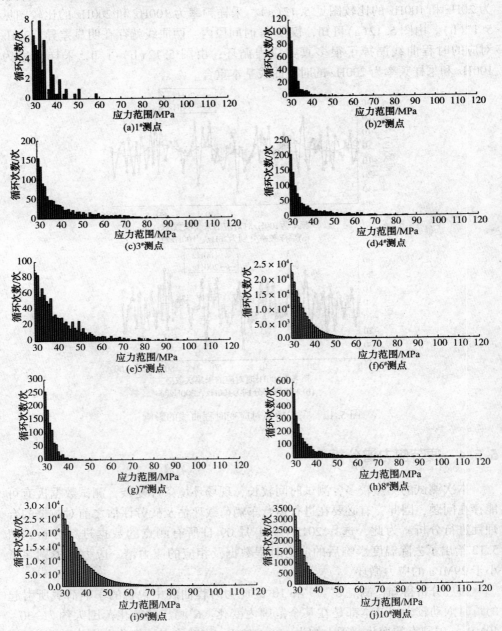

图 5.13　2015 年 11 月 09 日所有测点应力谱(去除温度影响后)

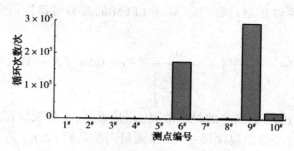

图5.14　2015年11月09日所有测点的循环次数(大于29MPa)

表5.7　2015年11月09日所有测点的疲劳损伤度

测点	1#	2#	3#	4#	5#	6#	7#	8#	9#	10#
疲劳损伤	1.90e-6	1.38e-5	9.68e-5	6.70e-5	8.54e-5	0.0069	2.38e-5	1.74e-4	0.0166	5.04e-4

在此基础上，图5.14和表5.7分别给出了该天所有测点的循环次数(大于29MPa)和疲劳损伤，从中可以看出，测点6#、9#和10#大于29MPa的循环次数分别为174990次、293108次和19697次，显然该悬索桥一天内通过的重载卡车不可能有如此数量，因此，后面将主要依据测点1#、2#、3#、4#、5#、7#和8#的数据进行分析，综上可知：

① 应力原始监测数据包含由温度引起的昼夜变化的平均应力、车辆荷载引起的瞬时颤动应力和应力监测数据中的随机成分。

② 温度日变化对疲劳应力谱的影响较小，采样频率对应力谱的影响较为显著，本次测试采用100Hz的采样频率可满足需要。

③ 对近一周所采集的数据均进行了上述处理，大部分测点的数据合理可靠，可用于运营状态的车辆荷载分析与焊缝细节疲劳可靠性评估。

5.6　基于断裂力学的疲劳可靠性分析

5.6.1　疲劳极限状态方程

传统疲劳可靠度理论未关注材料初始缺陷，而断裂力学弥补了此缺点，因此本文使用线弹性断裂力学(LEFM)可靠度评估方法分析钢箱梁U肋对接焊缝疲劳的可靠性，利用Paris法则来体现疲劳裂纹的扩展。

对于U肋对接焊缝，其疲劳寿命主要受纵桥向应力影响，可采用半椭圆表面裂纹描述其疲劳裂纹扩展过程[19]，基于 LEFM 的疲劳可靠性研究的极限状态方程可写为[14]：

$$\frac{1}{1.12^m \cdot (2w)^{\frac{m}{2}}} \int_{a_0}^{a_c} \frac{\mathrm{d}a}{\left[\tan\dfrac{\pi a}{2w}\right]^{\frac{m}{2}}} - e \cdot C\Delta\sigma_{eq}^m(N - N_0) \leqslant 0 \tag{5.3}$$

式中，C 和 m 是 Paris 公式中的材料常数；w 是板厚；a 是裂纹扩展的长度；a_0 是初始裂纹尺寸；a_c 是极限裂纹尺寸；e 是测量误差系数；$\Delta\sigma_{eq}$ 是变幅荷载下的等效应力范围；N 是 n 年内细节处承受的累积的应力循环次数；N_0 是裂纹长度为 a_0 的应力循环次数。

定义疲劳断裂抗力函数 R 为[14]：

$$R = \frac{1}{1.12^m \cdot (2w)^{\frac{m}{2}}} \int_{a_0}^{a_c} \frac{\mathrm{d}a}{\left[\tan\dfrac{\pi a}{2w}\right]^{\frac{m}{2}}} \tag{5.4}$$

当 $a = a_0$ 时，$N_0 = 0$；且由 $N = 365 \cdot n \cdot N_d$（$n$ 为服役年数，N_d 是日等效循环次数），极限状态方程表示为[11]：

$$g(Z) = R - e \cdot C \cdot \Delta\sigma_{eq}^m \cdot 365 \cdot n \cdot N_d \cdot \sum_{k=1}^{n} [1 + (k-1) \cdot x] \cdot$$

$$[1 + (k-1) \cdot y]^m \leqslant 0 \tag{5.5}$$

式中，x 是日交通量年线性增长系数；y 是轴重年线性增长系数；k 为第 k 年。

5.6.2 极限状态方程各参数的概率性表述

（1）疲劳荷载效应概率性表述

依据疲劳损伤等价准则，可将变幅应力范围等效为一个常幅的应力范围，由式(5.6)、式(5.7)计算出各测点每天的日等效应力范围 $\Delta\sigma_{eqi}$ 和应力循环次数 N_{di}，再由式(5.8)~式(5.11)[20]计算出疲劳荷载效应 $\Delta\sigma_{eq}$ 和 N_d 的概率性参数见表 5.8，可认为其满足对数正态分布[12,13]，则 $\lg\Delta\sigma_{eq}$、$\lg N_d$ 服从正态分布，且经 K-S 假设检验 $\Delta\sigma_{eq}$ 和 N_d 不拒绝服从对数正态分布。

$$\Delta\sigma_{eqi} = \left[\frac{\displaystyle\sum_{\Delta\sigma_i \geqslant \Delta\sigma_D} \frac{n_i \Delta\sigma_i^3}{K_C} + \sum_{\Delta\sigma_L \leqslant \Delta\sigma_j \leqslant \Delta\sigma_D} \frac{n_j \Delta\sigma_j^5}{K_D}}{\dfrac{N_d}{K_D}} \right]^{1/5} \tag{5.6}$$

$$N_{di} = \sum_{\Delta\sigma_i \geqslant \Delta\sigma_D} n_i + \sum_{\Delta\sigma_L \leqslant \Delta\sigma_j \leqslant \Delta\sigma_D} n_j \tag{5.7}$$

$$\mu_{\Delta\sigma_{eq}} = \frac{1}{t}\sum_{i=1}^{t}\Delta\sigma_{eqi} \tag{5.8}$$

$$\sigma_{\Delta\sigma_{eq}} = \sqrt{\frac{1}{t}\sum_{i=1}^{t}\left(\Delta\sigma_{eqi} - \mu_{\Delta\sigma_{eq}}\right)^2} \tag{5.9}$$

$$\mu_{N_d} = \frac{1}{t}\sum_{i=1}^{t}N_{di} \tag{5.10}$$

$$\sigma_{N_d} = \sqrt{\frac{1}{t}\sum_{i=1}^{t}\left(N_{di} - \mu_{N_d}\right)^2} \tag{5.11}$$

式中，t 为监测天数。

表 5.8 各测点疲劳荷载效应的概率性参数

测点	$\Delta\sigma_{eq}$ /MPa		N_d /次	
	均值	标准差	均值	标准差
1#	41.18	3.22	58.92	5.97
2#	35.79	1.57	355.67	115.23
3#	42.72	0.77	1183.92	126.01
4#	40.41	1.18	996.83	158.85
5#	43.34	0.57	1058.67	91.58
7#	32.29	0.12	850.42	272.93
8#	41.46	0.93	2337.08	439.04

（2）其他参数概率性表述

文献[14]利用对数正态分布对疲劳断裂抗力 R（应力）得到了很好的拟合结果，得到对数正态分布的均值为 9.09，变异系数为 0.34，本文采用该拟合结果。测量误差 e 的概率分布应用 Frangopol 得出的均值为 1，变异系数为 0.03 的对数正态分布[16]。由于 a_c 对断裂抗力影响极小[14]，因此极限裂纹深度取值可定为 5mm（即 0.5 倍 U 肋厚度）。极限状态方程中有关参数信息见表 5.9。

表 5.9 极限状态方程参数信息

参数	分布类型	均值	标准差	参考文献
R /m$^{-1/2}$	对数正态	9.09	3.13	文献[14]
a_0 /m	对数正态	5.00×10^{-4}	2.50×10^{-4}	文献[21]
C /（MPa^{-3}·m$^{-1/2}$）	对数正态	6.89×10^{-12}	4.34×10^{-12}	文献[14]
e	对数正态	1	0.03	文献[16]
w /m	常数	1.0×10^{-2}		
a_c /m	常数	0.50×10^{-2}		
m	常数	3		

5.6.3 基于 UD-RBF-IMC 算法的可靠度计算方法

上一节得出 R、a_0、C、e、$\Delta\sigma_{eq}$、N_d 均服从对数正态分布，各参数的均值与标准差见表 5.8 和表 5.9。针对非正态分布变量，首先需采用 Rackwitz-Fiessler 变换将其当量正态化，对数正态分布对应的当量正态化公式为[22]：

$$\mu'_{X_i} = X_i^* \left(1 - \ln X_i^* + \ln \frac{\mu_{X_i}}{\sqrt{1 + \sigma_{X_i}^2}} \right) \tag{5.12}$$

$$\sigma'_{X_i} = X_i^* \sqrt{\ln(1 + \sigma_{X_i}^2)} \tag{5.13}$$

式中，X_i^* 是第 i 个独立随机变量的初始验算点，一般可取 $X_i^* = \mu_{X_i}$；μ'_{X_i}、σ'_{X_i} 分别是当量正态变量的均值与标准差；μ_{X_i}、σ_{X_i} 分别是对数正态变量的均值与标准差。

针对短期监测数据，本文采用 UD-RBF-IMC 相结合的算法求解可靠度指标。具体步骤为：

① 依据 3σ 准则在 $[\mu - 3\sigma, \mu + 3\sigma]$ 区间采用 UD 法安排试验数据[23]，本文用 DPS 数据处理系统[24]生成 $U_n(m^k)$ 均匀设计表；

② 采用径向基函数（RBF）神经网络工具箱训练样本数据，然后利用遗传算法（GA）优化参数，搜寻验算点；

③ 采用重要蒙特卡罗法（IMC）抽样计算疲劳可靠度指标。限于篇幅，仅列出 $1^{\#}$ 测点服役 50 年时基于该方法求解疲劳可靠度指标的计算过程，见图 5.15。

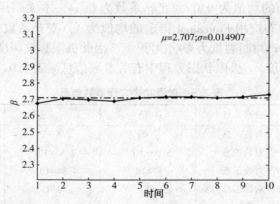

图 5.15　$1^{\#}$ 测点服役 50 年时基于 UD-RBF-IMC 算法的可靠度指标计算过程

5.6.4 可靠度计算结果

计算得出不考虑交通参数增长情况下(即 x、y 均为 0)各测点处的疲劳可靠度指标随服役年限的变化曲线见图 5.16,所有曲线均发生了急剧衰减再缓慢降低的变化。根据文献[12,25]焊接细节的目标可靠度指标 β_T 为 1.65,其失效概率为 5%,可知在 100 年设计使用年限内仅 $1^{\#}$ 测点的可靠度指标大于目标可靠度指标,其余测点处可靠度指标均无法满足 100 年的使用要求,且各测点的可靠度指标差异较大。由图 5.1 可知,$1^{\#}$、$2^{\#}$ 测点位于超车道,$3^{\#}$、$4^{\#}$ 测点位于快车道,$5^{\#}$、$7^{\#}$、$8^{\#}$ 测点位于重车道,可得同一服役时间,超车道的可靠度指标大于快车道,快车道的可靠度指标大于重车道,随机车流参数(交通量、车型占有率等)对可靠度指标影响显著。

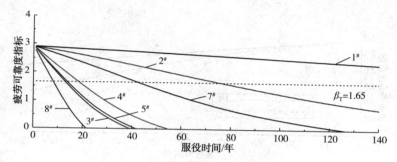

图 5.16 各测点疲劳时变可靠度指标

目标可靠度指标下,各测点的疲劳寿命列于表 5.10,各车道对应测点疲劳寿命相差较大,$1^{\#}$ 车道(超车道)V2~V10 车型仅占 28.4%,对结构造成损伤的疲劳车型比重较低,高水平应力循环较少,因此疲劳损伤发展较为缓慢,对应细节疲劳寿命较长,$1^{\#}$ 测点疲劳寿命可达 283 年;$3^{\#}$、$4^{\#}$ 车道(重车道)V2~V10 车型分别占 79.6%、70.7%,对结构造成损伤的疲劳车型比重非常高,高水平应力循环较多,疲劳损伤发展较为迅速,对应细节疲劳寿命较短,$8^{\#}$ 测点疲劳寿命仅为 9.5 年,存在发生疲劳开裂的风险,需重点关注;$7^{\#}$ 测点与 $8^{\#}$ 测点均位于 $4^{\#}$ 车道(重车道)下方,但 $7^{\#}$ 测点寿命为 42 年,约为 $8^{\#}$ 测点的 5 倍,同一车道临近的两个测点的疲劳寿命存在较大差异,这与钢箱梁正交异性顶板的构造特征、焊接质量和车辆行驶轮迹横向作用概率有关。由图 5.1 裂纹在横桥向各处的分布图可知,裂纹数量大部分位于 $3^{\#}$、$4^{\#}$ 车道(重车道),且 $8^{\#}$ 测点对应 U 肋裂纹数量接近 20 条,$7^{\#}$ 测点对应 U 肋裂纹数量为 0,可见疲劳寿命评估结果与实桥情况吻合较好。

表 5.10 目标可靠指标下各测点疲劳寿命

测点	1#	2#	3#	4#	5#	7#	8#
寿命/年	283	75	14	19	15	42	9.5

5.6.5 考虑随机车流参数变化的可靠度计算结果

为研究随机车流的参数变化对钢箱梁焊接细节疲劳可靠度的影响，以 1# 测点为例，极限状态方程各参数取值仍参考表 5.8、表 5.9，假定轴重年线性增长系数 y 为 0，日交通量年线性增长系数 x 分别为 0%、1%、2% 和 3%，疲劳可靠度指标计算结果见图 5.17(a)；假定日交通量年线性增长系数 x 为 0，轴重年线性增长系数 y 分别为 0%、0.2%、0.4% 和 0.6%，疲劳可靠度指标计算结果见图 5.17(b)。

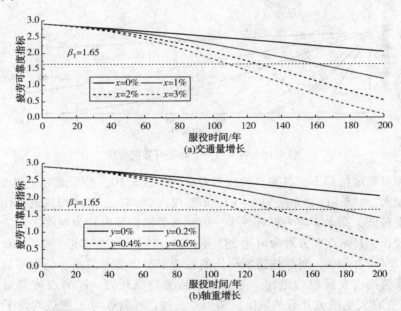

图 5.17 随机车流参数对 1# 测点疲劳可靠度指标影响

由图 5.17 可知，不考虑随机车流参数影响时，1# 测点的疲劳可靠度指标 200 年后仍大于目标可靠度指标 1.65，在设计使用年限 100 年时可靠度指标为 2.51；当 x 由 0 增加到 3% 时，1# 测点疲劳可靠度指标下降至 1.82，当 y 由 0 增加到 0.6% 时，1# 测点疲劳可靠度指标下降至 1.96，可知轴重年线性增长系数 y 对疲劳可靠度的影响明显大于日交通量年线性增长系数 x，所以在运营期间除控制交通量外，还需重点控制重车比例和超载率；随着日交通量或轴重年线性增长系

x 和 y 的增加，1#测点疲劳可靠度指标呈明显减小趋势，疲劳寿命由远大于 200 年降至 100 年左右，且随服役时间的增长，影响越显著。

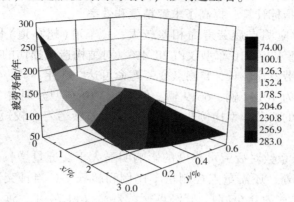

图 5.18　随机车流参数对 1#测点疲劳寿命影响

图 5.18 表明，随着日交通量和轴重年线性增长系数的增加，目标可靠度指标下 1#测点的疲劳寿命逐渐减少。当日交通量年线性增长系数和轴重年线性增长系数均为 0 时，1#测点的疲劳寿命为 283 年；当日交通量年线性增长系数为 $x =$ 1%、轴重年线性增长系数为 $y = 0.6\%$ 时，1#测点疲劳寿命为 93 年；当日交通量年线性增长系数为 $x = 3\%$，轴重年线性增长系数为 $y = 0.6\%$ 时，1#测点疲劳寿命仅为 74 年，远小于设计使用年限 100 年。交通流量大、重卡车比例大、超载严重是导致该桥疲劳寿命短的关键因素，运营 7 年左右已出现各类疲劳裂纹，经评估 U 肋对接焊缝也会存在疲劳开裂风险，需要在后期的维护管养中予以重点关注。

5.7　结　　语

① 该悬索桥疲劳车型可简化为 V2~V10 共 9 类，除 V4 车型外，其余车型左幅车型比例明显高于右幅，且左幅的各车型轴重也普遍高于右幅。左、右幅 V2 车型的总重均为单峰偏态分布，超载率均不到 4%，V3~V10 车型的总重均为多峰分布，超载率均大于 30% 以上，最高达 69%。各车道车型分布不均匀，重车道（3#、4# 车道）车型服从多峰分布，其他车道服从单峰偏态分布，重车道 V2~V10 车型的比例明显高于其他车道。

② 各车道动应变监测数据表明，温度日变化对疲劳应力谱的影响较小，采样频率对应力谱的影响较为显著，过小的采样频率（如小于 50Hz）会漏掉许多真

实应力循环，本次测试采用 100Hz 的采样频率可满足需要。

③ 结合 UD、RBF、IMC 算法各自的优点，用于基于短期监测数据的钢箱梁细节疲劳可靠度指标计算，提高了求解精度和效率。

④ 各车道对应测点疲劳寿命相差较大，1#车道（超车道）日总交通量高达 10337 辆，但由于 V2～V10 车型仅占 28.4%，对结构造成损伤的疲劳车型比例较低，对应细节疲劳寿命较长，1#测点疲劳寿命可达 283 年；3#、4#车道（重车道）日总交通量分别为 10142 辆、6619 辆，但 V2～V10 车型分别占 79.6%、70.7%，对结构造成损伤的疲劳车型比例非常高，对应细节疲劳寿命较短，8#测点疲劳寿命仅为 9.5 年。

⑤ 轴重增长系数对疲劳可靠度的影响明显大于交通量增长系数，在运营期间除控制交通量外，还需重点控制重车比例和超载率；当日交通量增长系数为 3%、轴重增长系数为 0.6% 时，1#测点疲劳寿命仅为 74 年，远小于设计基准期 100 年。

参 考 文 献

[1] 刘益铭，张清华，张鹏，等. 港珠澳大桥正交异性钢桥面板 U 肋对接焊缝疲劳寿命研究 [J]. 中国公路学报，2016，29(12)：25-33.

[2] 李传习，李游，陈卓异，等. 钢箱梁横隔板疲劳开裂原因及补强细节研究[J]. 中国公路学报，2017，30(3)：122-131.

[3] 黄云，张清华，卜一之，等. 港珠澳大桥正交异性钢桥面板纵肋现场接头疲劳特性 [J]. 中国公路学报，2016，29(12)：34-43.

[4] 余波，邱洪兴，王浩，等. 江阴长江大桥钢箱梁疲劳应力监测与寿命分析[J]. 公路交通科技，2009，26(6)：69-73.

[5] 宋永生，丁幼亮，王晓晶，等. 运营状态下悬索桥钢桥面板疲劳效应监测与分析[J]. 工程力学，2013，30(11)：94-100.

[6] 祝志文，黄炎，向泽. 货车繁重公路的车辆荷载谱和疲劳车辆模型[J]. 交通运输工程学报，2017，17(3)：13-24.

[7] 黄平明，袁阳光，赵建峰，等. 重载交通下空心板桥梁承载能力安全性[J]. 交通运输工程学报，2017，17(3)：1-12.

[8] Liu M，Frangopol D M，Kim S. Bridge System Performance Assessment from Structural Health Monitoring：A Case Study [J]. Journal of Structural，2009，135(6)：733-742.

[9] 李莹. 公路钢桥疲劳性能及可靠性研究[D]. 哈尔滨：哈尔滨工业大学，2008.

[10] 鲁乃唯，刘扬，邓扬. 随机车流作用下悬索桥钢桥面板疲劳损伤与寿命评估[J]. 中南大学学报(自然科学版)，2015，46(11)：4300-4306.

[11] 刘扬，鲁乃唯，邓扬. 基于实测车流的钢桥面板疲劳可靠度评估[J]. 中国公路学报，2016，29(5)：58-66.

[12] 邓扬，丁幼亮，李爱群. 钢箱梁焊接细节基于长期监测数据的疲劳可靠性评估：疲劳可靠度指标[J]. 土木工程学报，2012，45(3)：86-92.

[13] 刘建，桂勋，李传习. 基于健康监测的自锚式悬索桥钢箱梁细节疲劳可靠度研究[J]. 公路交通科技，2015，32(1)：69-75.

[14] 邓扬，丁幼亮，李爱群，等. 钢箱梁桥焊接细节的疲劳断裂可靠性分析[J]. 工程力学，2012，29(10)：122-128.

[15] 叶消伟，傅大宝，倪一清，等. 考虑多因素共同作用的钢桥焊接节点疲劳可靠度评估[J]. 土木工程学报，2013，46(10)：89-99.

[16] Frangopol Dan M, Strauss A, Kim S Y. Bridge Reliability Assessment Based on Monitoring [J]. Journal of Bridge Engineering, ASCE, 2008, 13(3)：258-270.

[17] Cheng J, Li Q S, Xiao R C. A New Artificial Neural Natwork-based Response Surface Method for Structural Reliability Analysis [J]. Probabilistic Engineering Mechanics, 2008, 23(1)：51-63.

[18] 刘扬，鲁乃唯，王勤用. 基于混合算法的大跨度斜拉桥可靠度评估[J]. 公路交通科技，2014，31(7)：72-79.

[19] 李庆芬，胡胜海，朱世范. 断裂力学及其工程应用[M]. 哈尔滨：哈尔滨工程大学出版社，2008.

[20] 幸坤涛，岳清瑞，刘洪滨. 钢结构吊车梁疲劳动态可靠度研究[J]. 土木工程学报，2004，37(8)：38-42.

[21] Zhao Z W, Haldar A, Breen F L. Fatigue-Reliability Evaluation of Steel Bridge [J]. Journal of Structural Engineering, ASCE, 1994, 120(5)：1608-1623.

[22] Rackwitz R, Fiessler B. Structural Reliability under Combined Load Sequence [J]. Computer and Structures, 1978, 114(12)：2195-2199.

[23] Cheng J, Li Q S. Reliability Analysis of a Long Span Steel Arch Bridge Against Wind-induced Stability Failure During Construction [J]. Journal of Constructional Steel Research, 2009, 65(3)：552-558.

[24] Tang, Q Y, Zhang C X. Data Processing System (DPS) Software with Experimental Design, Statistical Analysis and Data Mining Developed for Use in Entomological Research [J]. Insect Science, 2013, 20(2)：254-160.

[25] Kwon K, Frangopol D M. Bridge Fatigue Reliability Assessment Using Probability Density Functions of Equivalent Stress Range Based on Field Monitoring Data [J]. International Journal of Fatigue, 2010, 32(8)：1221-1232.

第6章 钢箱梁横隔板疲劳开裂机理及补强细节研究

6.1 引 言

正交异性桥面板钢箱梁在国内外应用广泛，但疲劳问题突出。其病害常见有 6 种[1]：①顶板与纵肋焊缝位置开裂；②纵肋接头位置焊缝开裂；③U 肋间桥面板与横隔板焊缝开裂；④腹板垂直加劲肋与面板连接焊缝开裂；⑤U 肋与横隔板连接焊缝处开裂；⑥与 U 肋邻近的弧形缺口处横隔板母材开裂。

随着疲劳研究的不断深入、制造技术的不断进步，疲劳细节的设计与规范规定得到了不断改进，如：闭口纵肋与面板的焊接由"贴面焊接"逐渐改进为熔透深度达到纵肋壁厚的 75% 或 80% 的焊接；取消纵肋与面板连接焊缝通过横肋时的过焊孔；改进闭口纵肋连接嵌补段的钢衬垫板的平整契合度；取消主梁腹板竖向加劲肋与顶板的连接等；顶板厚由 12mm(如虎门大桥)增加到 14mm(如西堠门大桥)，甚至 16mm(如嘉绍大桥)或 18mm(港珠澳大桥)[2]，这使得产生前 5 种疲劳裂纹的概率大大减小，有的甚至完全消除。

第 6 种疲劳病害位置(即与 U 肋邻近的弧形切口处)横隔板母材轮载应力为压应力[3,4]。土木工程界传统认知认为，压-压循环不会引起疲劳，也无须疲劳验算[5,6]，该处疲劳为轮载作用下的面外反复变形(或称次应力)所致[1]。但横隔板厚度薄、面外变形应力幅小，横隔板弧形切口处母材疲劳不考虑膜压应力幅影响，仅为面外反复变形所致的结论难以令人信服。相关规范[5,6,7]的"拉-压循环时压应力幅打折(如 6 折)计算，而压-压循环时可不验算疲劳"也存在逻辑上的不足。与"循环荷载下压应力较大，拉应力接近零与不出现拉应力两种情形的疲劳性能不应存在突变"的常识相悖。疲劳验算压应力幅打折(如 6 折)考虑应可拓展应用到压-压循环。

事实上，机械工程领域已对金属材料进行了压-压循环的疲劳试验[8]，发现了压-压疲劳现象和压-压对疲劳寿命的影响规律，并认为，压缩塑性区(微小)

的形成是产生压-压疲劳的必要条件[9]。这或许从另一角度说明，压-压循环疲劳验算，压应力幅打折考虑的合理性。

《公路钢结构桥梁设计规范》(JTG D64—2015)(以下简称公路钢桥规)的正交异性桥面板疲劳验算采用损伤效应系数、交通流量系数、设计寿命影响系数等，其取值未见严格论证，是否合理或在合理区间值得检验。

前 5 种病害处治相对简单和成熟，一般采用开坡口补焊或者打磨重熔或者切除连接，严重者再进行局部补强或改进铺装层。第 6 种病害即横隔板弧形缺口疲劳裂纹，则可采用"弧形切口优化"(裂纹较短者)或者"止裂孔+弧形切口优化+补强钢板"的加固方式(裂纹较长者)补强。

"弧形切口优化"或者弧形切口形状对疲劳的影响研究较多[10,11]，本文不再详述，将直接给出优化后的弧形切口形式，并在此基础上进行分析。

文献[12]提出了在正交异性钢桥桥面上添加第二块钢板的加固技术，以提高其抗疲劳性能。然而，补强钢板平面尺寸与厚度的变化对加固效果及附近区域应力影响未见相关报道。

本章拟结合 2 个背景工程(包括服役近 10 年的某桥)，通过轮载应力分析和不同规范验算比较，研究《公路钢桥规》正交异性桥面板疲劳验算的相关系数取值合理性；通过服役背景工程的疲劳细节、交通载荷、病害特征、轮载应力结果等信息汇集，揭示横隔板弧形缺口处母材疲劳开裂机理；通过分析补强钢板厚度、其边缘距顶板和 U 肋的距离等对加固附近区域应力的影响规律，以及两种弧形缺口形状轮载应力结果的对比，确定合理的补强细节尺寸。

6.2　桥梁概况与疲劳病害

6.2.1　新建背景工程(背景工程一)

某新建独塔斜拉桥跨径布置为 135m+260m，双向 8 车道，主梁采用 PK 断面钢箱梁，共划分为五种类型 22 个节段。其中 D 类钢箱梁为标准断面，高 3.58m，宽 40.54m，顶板厚 16mm，底板厚 14mm，横隔板厚 12mm，加强横隔板厚 16mm，中纵腹板厚 14mm，边纵腹板厚 14mm，横隔板间距为 3m。正交异性桥面系的纵向 U 肋断面为 300mm×280mm×8mm，中心距为 600mm。U 肋、横隔板、顶板两两相交的焊缝喉高 6mm。钢箱梁构造见图 6.1 和图 6.2。

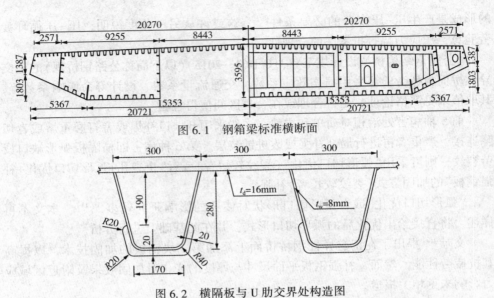

图 6.1　钢箱梁标准横断面

图 6.2　横隔板与 U 肋交界处构造图

6.2.2　服役背景工程(背景工程二)

某悬索桥主跨跨径 350m,双幅 10 车道。顺桥向吊杆标准间距 12m;主跨加劲梁为钢箱梁(见图 6.3),高 3.5m,单幅宽 20.468m(不含风嘴);标准断面的顶板厚 16mm,底板厚 14mm,边腹板厚 16mm,实腹式纵隔板厚 16mm。正交异性桥面系的纵向 U 肋断面为 300mm×280mm×10mm,中心距为 600mm。横隔板间距为 3.0m,非吊点处横隔板厚 10mm(全桥单幅 90 道),吊点处横隔板厚 12mm(全桥单幅共 27道)。U 肋、横隔板、顶板两两相交的焊缝喉高 6mm。钢箱梁构造及裂纹在横桥向各处的分布见图 6.3。横隔板与 U 肋交界处的弧形切口尺寸见图 6.4。

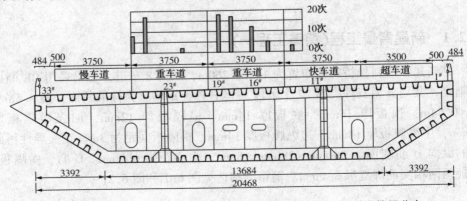

图 6.3　钢箱梁标准横断面及左幅桥横隔板弧形切口母材裂纹数量分布

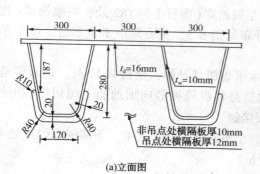

(a)立面图

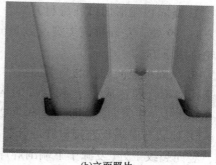

(b)立面照片

图6.4 横隔板与U肋交界处构造图

该桥于 2006 年建成通车。通车后交通量大,双幅达 9.18 万辆/天(2013 年 8 月 6 日~15 日连续 10 天观测结果为样本);超载超限车辆相对较多,许多车单轴重超过 25.5t,样本周期内右幅桥(北行方向)实测最大车重为 132.7t。重车道和快车道均存在超载现象(车道位置见图 6.3),其中重车道 2 超载现象最为明显,有 6.3% 的车辆超载。

该桥经过 9 年左右的运行,发现了四类疲劳病害(见图 6.5):

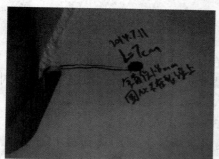

(a)横隔板弧形切口处母材开裂

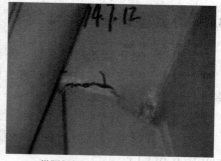

(b)纵隔板与桥面板的水平焊缝处开裂

(c)U肋与横隔板连接焊缝处开裂

(d)U肋间桥面板与横隔板焊接处开裂

图6.5 四类病害典型照片

① 横隔板弧形切口处母材开裂，左幅箱梁(南行方向)82处，右幅箱梁(北行方向)39处，左幅桥该类裂纹数量分布见图6.3，主要集中于重车道，位于车道轮迹线下方。

② 纵隔板竖向加劲肋与桥面板的水平焊缝处开裂，全桥共12处。该病害是由于构造不合理造成[13]，较合理的构造是将纵隔板竖向加劲肋上端切除(切除4~8cm长)，使竖向加劲肋不与桥面板接触。

③ U肋与横隔板连接焊缝处开裂，全桥共计5处。其中，下端围焊焊趾处4处，竖向裂纹1处(发源于下端围焊焊址)。

④ U肋间桥面板与横隔板焊接处开裂，全桥共计3处。

后两类病害数量少，发展慢，且与焊接质量有关，采取开坡口补焊或打磨重熔法处理即可。下面针对工程背景二，仅研究第1类病害的产生原因与补强方案。

6.3　补强方案与基本假定

6.3.1　补强方案

背景工程一是正在新建的工程，不存在针对疲劳病害加固的问题。

针对背景工程二第1类疲劳病害，根据经验和定性分析，拟定下列6种补强方案进行比较，以选择最优方案。

方案A：弧形切口优化，优化半径为35mm[图6.6(a)]；

方案B：弧形切口优化＋双面补强钢板，钢板上部距离顶板65mm，厚度10mm[图6.6(b)]；

方案C：弧形切口优化＋双面补强钢板，钢板上部距离顶板85mm，厚度10mm[图6.6(c)]；

方案D：直接双面加补强钢板，钢板上部距离顶板85mm，厚度10mm，补强钢板两侧边缘到U肋的距离由方案C的30mm变更为10mm[图6.6(d)]；

方案E：将方案B的补强钢板厚度改为4mm；

方案F：将方案B的补强钢板厚度改为2mm。

补强钢板与横隔板之间采用高强螺栓连接，螺栓之间的容许间距均满足《公路钢桥规》中不小于$3d_0$的要求，且顺内力方向或沿螺栓对角线方向至边缘的最小距离不小于$1.5d_0$。经检验摩擦面抗滑移系数均满足规范要求，能有效保证接触良好且无滑移。

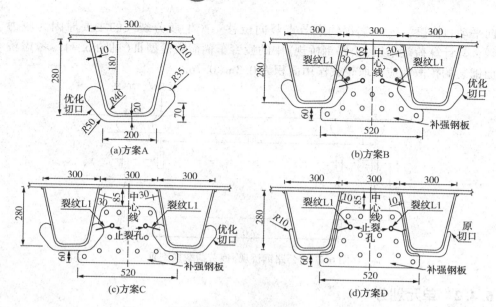

图 6.6　横隔板弧形切口处改进补强方案大样图

6.3.2　基本假定

本文以下有限元计算采用如下假定：

① 结构构件均处于弹性范围，不考虑材料非线性和几何非线性。

② 吊索或斜拉索对钢箱梁的支承为刚性支承，不考虑主缆或斜拉索垂度、吊索或斜拉索弹性拉伸的影响。

③ 加强板与横隔板在高强螺栓作用下，接触良好且无滑移，两者的复合板受力符合法线假设(第③条假定仅为工程背景二加钢板方案受力计算所增列)。

考虑到服役背景工程(主要指横隔板弧形切口优化后保留边缘部分)已耗疲劳寿命不便估计和本文研究目的，其补强后的疲劳寿命计算采用"按新结构"计算的假定。

6.4　有限元模型与加载方式

6.4.1　对象选取与荷载采用

计算选用有限元软件 ABAQUS6.14 进行。鉴于引发疲劳的正交异性桥面板轮载应力大、影响范围小，可选取两组吊索(两组斜拉索)之间长度 12m 的钢箱梁段作为对象。边界条件为约束钢箱梁两端，一端约束节点 DX、DY、DZ 三个方向平动自由度，另一端仅约束节点竖向位移。产生疲劳裂纹的主要原因为应力幅，其计算荷载采用《公路钢桥规》中的疲劳车辆荷载模型Ⅲ（见图6.7）。考虑桥面铺装的扩散效应，取轮载作用面积为0.3m×0.7m。

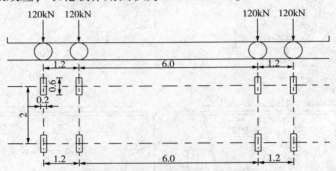

图6.7 《公路钢桥规》疲劳荷载模型Ⅲ

6.4.2 单元划分

（1）背景工程一的单元划分

其钢箱梁节段除关注部位外均采用板壳单元，关注部位（包括两道横隔板、2个U肋区间）采用实体有限元子模型。板壳单元区域网格尺寸为0.425m；实体单元区域平行板面网格尺寸为0.05m，重点关注部位平行板面网格细化到0.001m，横隔板沿板厚度方向划为4层。这种网格划分，有限元结果已收敛，网格模型见图6.8。

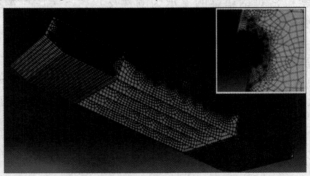

图6.8 某斜拉桥钢箱梁有限元模型

（2）背景工程二的单元划分

其钢箱梁节段除关注部位外均采用板壳单元。鉴于16#～19#U肋与横隔板交叉连接部位出现疲劳裂纹较多，且疲劳裂纹多出现在10mm厚的非吊索处横隔板上，16#～19#U肋与两相邻横隔板交叉连接所包含部位（包括两道10mm横隔板、

4个U肋区间)确定为关注部位，采用实体单元，其范围长5m，宽2.4m。板壳单元区域网格尺寸为0.3m；实体单元区域平行板面网格尺寸为0.05m，重点关注部位平行板面网格细化到0.001m，原横隔板沿板厚度方向划为4层，每侧补强板各划分为2层。这种网格划分，有限元结果已收敛，网格模型见图6.9。

图6.9 某悬索桥钢箱梁有限元模型

6.4.3 加载工况

车轮荷载每次沿横向移动100mm，即可得5个横向加载工况；纵向1~7以150mm为间距进行车辆后移，纵向7~14以300mm为间距进行车辆后移，共14个纵向加载工况。以左后轮为参考轮，加载方式示意见图6.10，其余轮载位置按实际轮距和轴距布置。以确定最不利加载位置，并按照《公路钢桥规》，考虑车轮在车道上的横向位置概率。

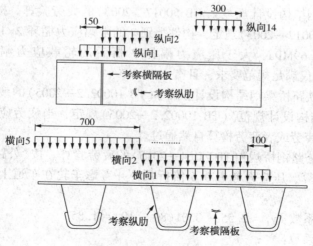

图6.10 纵横向加载位置

6.5 计算结果与分析

6.5.1 横隔板弧形切口处母材轮载应力与抗疲劳特性

（1）背景工程一

① 最不利应力结果。计算表明：横向位置2、纵向位置5为横隔板弧形切口处轮载应力的最不利加载工况；横隔板弧形切口始终处于完全受压状态，且以面内变形引起的应力为主；弧形切口处 mises 应力峰值为82.3MPa，主压应力峰值为−82.5MPa，应力云图见图6.11。

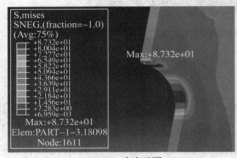

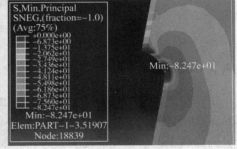

(a)Mises应力云图   (b)主压应力云图

图6.11 弧形切口处不利工况应力云图

② 基于《钢结构设计规范》（GB 50017—2003）的疲劳验算。按照《钢结构设计规范》（GB 50017—2003）规定，构件类别7的常幅应力循环2×10^6万次的容许疲劳应力幅为69MPa，大于压应力幅打7折后的轮载应力幅（$0.7 \times 82.5 = 57.8$MPa），不仅满足规范要求，且富余19.4%。

③ 基于《铁路桥梁钢结构设计规范》（TB 10002.2—2005）的疲劳验算。按照《铁路桥梁钢结构设计规范》（TB 10002.2—2005）规定，当疲劳应力均为压应力时，可不检算疲劳或者疲劳检算自然通过。

④ 基于《公路钢桥规》（JTG D64—2015）的疲劳验算。按《公路钢桥规》（JTG D64—2015）验算，压应力考虑0.6倍折减，并考虑车轮在车道上的横向位置概率，计算如下：

损伤效应系数：$\gamma_1 = 2.55 - 0.01(80 - 10) = 1.85$

交通流量系数：

$$\gamma_2 = \frac{Q_0}{480}\left(\frac{N_{1y}}{0.5 \times 10^6}\right)^{\frac{1}{5}} = \frac{480}{480}\left(\frac{1.38 \times 10^6}{0.5 \times 10^6}\right)^{\frac{1}{5}} = 1.2 \tag{6.1}$$

其中：

$$N_{1y} = \frac{0.95pN_y}{j} = \frac{0.95 \times 0.4 \times 40000 \times 365}{4} = 1.38 \times 10^6 \tag{6.2}$$

（全桥日车流量按照 8 万辆计算，单幅桥日通行量 4 万辆计算）

设计影响系数按 100 年寿命计算，则：

$$\gamma_3 = \left(\frac{t_{1D}}{100}\right)^{\frac{1}{5}} = \left(\frac{100}{100}\right)^{\frac{1}{5}} = 1 \tag{6.3}$$

多车道影响系数：$\gamma_4 = 1$

$$\gamma = \gamma_1 \cdot \gamma_2 \cdot \gamma_3 \cdot \gamma_4 = 1.85 \times 1.2 \times 1 \times 1 = 2.22 \tag{6.4}$$

但是，$\gamma > \gamma_{max} = 2$，因此 γ 取 2。

$$\gamma_{Ff}\Delta\sigma_{E2} = 1 \times (1 + \Delta\Phi)\gamma(\sigma_{Pmax} - 0.6\sigma_{Pmin})$$

$$= 1 \times (1 + 0) \times 2 \times 0.6 \times \sqrt[3]{\begin{array}{c}0.5 \times 82.5^3 + 0.18 \times 82.3^3 + 0.18 \times 76.7^3 \\ + 0.07 \times 63.7^3 + 0.07 \times 58.1^3\end{array}}$$

$$= 94.5\text{MPa} > \frac{k_s\Delta\sigma_C}{\gamma_{Mf}} = 60.9\text{MPa} \tag{6.5}$$

疲劳抗力不满足规范要求，且差距较大，尚差 55.2%。

（2）背景工程二

1）原设计

① 最不利应力结果。计算表明：横向位置 2、纵向位置 5（即中后轴纵向对称横隔板加载）为横隔板弧形切口处轮载应力的最不利加载工况；各加载工况弧形切口处均出现了明显的应力集中，且处于完全受压状态，主压应力方向正好与裂缝垂直；弧形切口处 mises 应力峰值为 163.3MPa（此工况下，远近端面应力差几乎为 0），主压应力峰值为 −171.5MPa（此工况下，远近端面应力差几乎为 0），应力云图见图 6.12。应力差为（面外弯曲引起）最不利时，远端面应力为 −47.1MPa，近端面应力为 −49.4MPa，应力差为 2.3MPa，仅为膜应力的 4.7%

② 基于《钢结构设计规范》（GB 50017—2003）的疲劳验算。该规范规定的构件类别 7 的常幅应力循环 2×10^6 万次的容许疲劳应力幅为 69MPa，小于压应力幅打 7 折后的轮载应力幅 120.1MPa，疲劳抗力验算不满足规范要求，疲劳寿命达不到规定年限。

该背景工程运行 8~9 年，多个横隔板弧形切口母材即出现疲劳裂纹，考虑上述应力特征、验算结果和文献[8,9]的试验结果，可以推论：压应力幅耗费压−

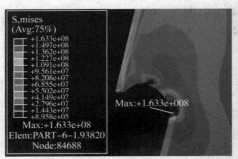
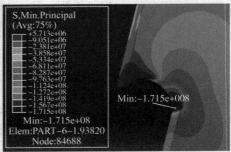

(a)mises应力云图　　　　　　　　　　　　　(b)主压应力云图

图 6.12　原设计弧形切口处不利工况应力云图

压循环的横隔板母材疲劳寿命(与机械工程领域所得结论基本一致[8]),面外反复变形最终导致疲劳开裂。换句话说,横隔板弧形切口处母材,没有足够循环次数、足够大小膜压应力幅,则不会因反复面外变形而疲劳;反之,只有足够次数、足够大小应力幅,没有面外反复变形,虽其疲劳寿命经压-压循环后大大降低,但也不会出现可见的疲劳裂纹。

③ 基于《公路钢桥规》(JTG D64—2015)的疲劳验算。

$$\gamma_1 = 2.55 - 0.01(80 - 10) = 1.85 \tag{6.6}$$

$$\gamma_2 = \frac{Q_0}{480}\left(\frac{N_{ly}}{0.5 \times 10^6}\right)^{\frac{1}{5}} = \frac{480}{480}\left(\frac{1.27 \times 10^6}{0.5 \times 10^6}\right)^{\frac{1}{5}} = 1.2 \tag{6.7}$$

其中:

$$N_{ly} = \frac{0.95 p N_y}{j} = \frac{0.95 \times 0.4 \times 45900 \times 365}{4} = 1.59 \times 10^6 \tag{6.8}$$

(全桥日车流量按实测 9.18 万辆计算,单幅桥日通行量 4.59 万辆计算)

$\gamma_4 = 1$,令疲劳抗力与效应相等,即:

$$\gamma_{Ff}\Delta\sigma_{E2} = 1 \times (1 + \Delta\Phi)\gamma(\sigma_{Pmax} - 0.6\sigma_{Pmin})$$

$$= 1 \times (1 + 0) \times \gamma \times 0.6 \times \sqrt[3]{\begin{matrix}0.5 \times 171.3^3 + 0.18 \times 140.9^3 + 0.18 \times 152.5^3 \\ + 0.07 \times 94.8^3 + 0.07 \times 109.3^3\end{matrix}}$$

$$= \frac{k_s\Delta\sigma_C}{\gamma_{Mf}} = 60.9\text{MPa} \qquad \gamma = 0.654 \tag{6.9}$$

由 $\gamma = \gamma_1 \cdot \gamma_2 \cdot \gamma_3 \cdot \gamma_4$ 得 $\gamma_3 = 0.295$

由 $\gamma_3 = \left(\frac{t_{1D}}{100}\right)^{\frac{1}{5}}$ 得: $t_{1D} = 0.2$ 年

即疲劳寿命仅为 0.2 年,远小于该背景工程实际疲劳开裂寿命(8~9 年)。

2) 改进补强方案

① 最不利应力结果。计算表明：横向位置 2、纵向位置 5 为最不利加载工况；各加固方案弧形切口处应力值均明显降低（见图 6.13），方案 A 的 mises 应力峰值为 95.7MPa（主压应力峰值为 -96.2MPa），降幅 41.4%；方案 B 的 mises 应力峰值为 74.5MPa，降幅 53.2%；方案 E 的 mises 应力峰值为 63.3MPa（主压应力峰值为 -67.2MPa），降幅 61.2%，加固效果最佳。按疲劳寿命与应力幅的立方成反比的关系，方案 A 的疲劳寿命延长至原来的 4.96 倍，方案 E 的疲劳寿命延长至原来的 17.12 倍。

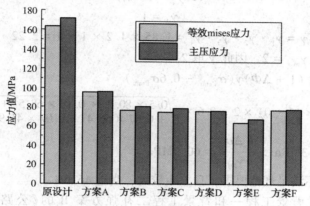

图 6.13　弧形切口处各方案的不利工况应力值

计算还表明，在优化弧形切口的方案中，随切口圆弧与 U 肋交点的切线与 U 肋腹板的夹角减小，母材轮载膜压应力幅值有所降低。限于篇幅，不予赘述。下面仅列出方案 B 的验算过程。

② 基于《钢结构设计规范》（GB 50017—2003）的疲劳验算。按照《钢结构设计规范》（GB 50017—2003）规定，构件类别 7 的常幅应力循环 2×10⁶ 万次的容许疲劳应力幅为 69MPa，大于压应力幅打 7 折后的轮载应力幅，不仅满足规范要求，且富余 23.0%。

③ 基于《铁路桥梁钢结构设计规范》（TB10002.2—2005）的疲劳验算。按照《铁路桥梁钢结构设计规范》（TB10002.2—2005）规定，当疲劳应力均为压应力时，可不检算疲劳或者疲劳检算自然通过。

④ 基于《公路钢桥规》（JTG D64—2015）的疲劳验算。按《公路钢桥规》（JTG D64—2015）验算，压应力考虑 0.6 倍折减，并考虑车轮在车道上的横向位置概率。计算如下：

$$\gamma_1 = 2.55 - 0.01(80 - 10) = 1.85 \qquad (6.10)$$

$$\gamma_2 = \frac{Q_0}{480}\left(\frac{N_{ly}}{0.5 \times 10^6}\right)^{\frac{1}{5}} = \frac{480}{480}\left(\frac{1.27 \times 10^6}{0.5 \times 10^6}\right)^{\frac{1}{5}} = 1.2 \qquad (6.11)$$

其中：

$$N_{1y} = \frac{0.95pN_y}{j} = \frac{0.95 \times 0.4 \times 45900 \times 365}{4} \tag{6.12}$$
$$= 1.59 \times 10^6$$

（全桥日车流量按实测 9.18 万辆计算，单幅桥日通行量 4.59 万辆计算）

$$\gamma_3 = \left(\frac{t_{1D}}{100}\right)^{\frac{1}{5}} = \left(\frac{100}{100}\right)^{\frac{1}{5}} = 1 \tag{6.13}$$

$$\gamma_4 = 1$$

$$\gamma = \gamma_1 \cdot \gamma_2 \cdot \gamma_3 \cdot \gamma_4 = 1.85 \times 1.2 \times 1 \times 1 = 2.22 \tag{6.14}$$

但是，$\gamma > \gamma_{max} = 2$，因此 γ 取 2。

$$\gamma_{Ff}\Delta\sigma_{E2} = 1 \times (1 + \Delta\Phi)\gamma(\sigma_{Pmax} - 0.6\sigma_{Pmin})$$

$$= 1 \times (1 + 0) \times 2 \times 0.6 \times \sqrt[3]{\frac{0.5 \times 80.2^3 + 0.18 \times 68.5^3 + 0.18 \times 77.6^3}{+ 0.07 \times 56.4^3 + 0.07 \times 41.9^3}}$$

$$= 89.3\text{MPa} > \frac{k_s\Delta\sigma_C}{\gamma_{Mf}} = 60.9\text{MPa} \tag{6.15}$$

疲劳抗力不满足规范要求，且差距较大，尚差 46.6%。

由上可见，背景工程一和背景工程二补强方案 B 的《公路钢桥规》（JTG D64—2015）疲劳验算结论与前两种规范验算结论完全不同；背景工程二的《公路钢桥规》疲劳计算寿命远小于实际寿命，且实际交通载荷远大于规范疲劳荷载；背景工程一的构造细节为目前通用等。据此，作者初步推断：《公路钢桥规》（JTG D64—2015）的损伤效应系数等的取值或许偏大，将使设计的材料耗费不必要增加，其取值值得商榷。

⑤ 横隔板弧形切口处母材的应力改善规律与受力模式。加固方案 B、C 分别采用距离顶板 65mm 和 85mm 的补强钢板，弧形切口处最大压应力分别为 −80.2MPa 和 −78.4MPa，仅相差 1.8MPa，可知采用两种距顶板不同高度的补强钢板对弧形切口处应力影响很小。

加补强钢板后弧形切口处出现了两个应力集中区（图 6.14 中的位置 a 和位置 b），且均为受压区。位置 a 为弧形切口与补强钢板边缘交界处，位置 b 为弧形切口起弧点附近。图 6.15 表明，加固方案 B、C（补强钢板厚 10mm）位置 a 的最大压应力比位置 b 大 40MPa 左右；加固方案 E（补强钢板厚 4mm）位置 a 和位置 b 的应力基本接近；加固方案 F（补强钢板厚 2mm）位置 a 的最大压应力比位置 b 小 18.5MPa。可知随着补强钢板厚度减小，位置 a 的应力逐渐减小，位置 b 的应力逐渐增大；加固方案 E（补强钢板厚 4mm），位置 a 主压应力为 −67.2MPa，位置 b 主压应力为 −63.3MPa，两位置应力基本接近，弧形切口处应力峰值最小，为最优加固方案。

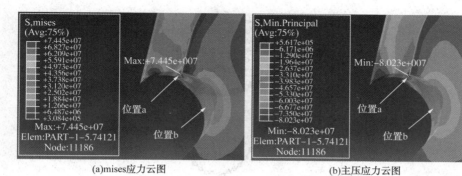

(a)mises应力云图　　　　　　　　　　　(b)主压应力云图

图6.14　方案B弧形切口处不利工况应力云图

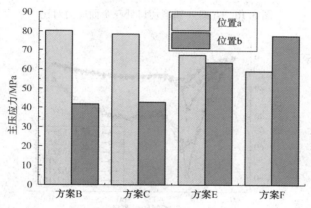

图6.15　加补强钢板弧形切口处位置a、位置b不利工况主压应力值

为进一步了解弧形切口处的受力模式，将横隔板近荷载端表面称为近端面，远荷载端表面称为远端面。对各方案，荷载分别作用于纵向位置5(中后轴纵向对称横隔板加载)和纵向位置13(中轴位于两横隔板正中间)时弧形切口处三个面(中面、近端面、远端面)的受力做比较。仅列出方案A、B的计算结果于图6.16和图6.17，图中hmzn表示轮载位于横向加载位置m，纵向加载位置n，沿弧形切口路径指从横隔板与U肋连接焊缝焊趾处到起弧点位置的圆弧路径。

计算表明，当中后轴纵向对称横隔板加载时，原设计与方案A(弧形切口优化后)三个面的应力差值基本为零，方案B~方案D(加补强钢板后)在弧形切口与补强钢板边缘交界处20mm范围内(图6.14中位置a)，由于板厚突变，原横隔板母材的表面与中心面存在一定应力差值，其中方案B原板表面应力比中心面大20MPa左右，方案E表面应力比中心面大10MPa左右；当中轴位于两横隔板正中间时，原设计与方案A(弧形切口优化后)三个面的应力差值均在5MPa以内，

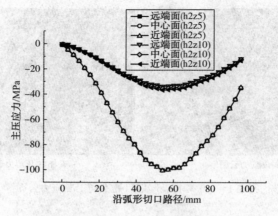

图 6.16　方案 A 弧形切口处三个面应力对比

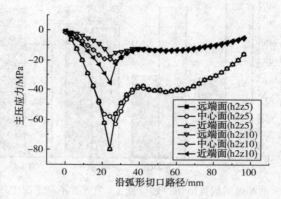

图 6.17　方案 B 弧形切口处三个面应力对比

方案 B～方案 D(加补强钢板后)在弧形切口与补强钢板边缘交界处 30mm 范围内(图 6.14 中位置 a)原横隔板母材的两表面存在一定应力差值,方案 B 近端面与远端面应力差值为 19.6MPa,为主应力值的 53.7%,方案 E 近端面与远端面应力差值为 9.55MPa,为主压应力值的 33.3%。

以上分析可知:方案 A 较原设计有较大应力改善,疲劳寿命可由原来的 9 年延长至 80 年(延长 8.8 倍);补强钢板高度在一定范围变化对弧形切口周边应力影响不大;补强钢板厚度宜取为 4mm(原板厚的 1/2.5～1/2,过厚则可能在补强板边缘处母材上形成新的疲劳敏感点);原设计与方案 A 弧形切口处因面外变形引起的应力均很小;加补强钢板后在弧形切口与补强钢板边缘交界处因面外变形引起的应力相对较大,且随钢板厚度减小而减小;板厚突变处,即使是关于横隔板中面的对称载荷,沿板厚方向也有较大面内的应力差。

6.5.2　横隔板与 U 肋连接处轮载应力与抗疲劳特性

（1）背景工程二各方案横隔板与 U 肋连接处的横隔板焊趾位置

横向位置 2 纵向位置 5 为各方案横隔板与 U 肋连接处横隔板受力最不利加载工况；各加载工况下横隔板与 U 肋连接处焊缝尾端均出现了明显的应力集中，且为拉应力；各方案该部位远、近端面的应力差值都很小，主要为膜应力。

远端面、近端面横隔板上焊趾处的热点应力值采用距焊趾 0.4d 和 1.0d 的应力线性外推[14,15]得出，如图 6.18 所示。

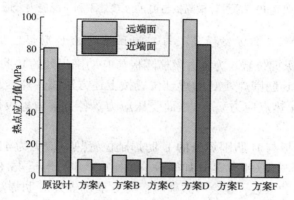

图 6.18　横隔板与 U 肋连接处横隔板焊趾处不利工况应力值

原设计横隔板与 U 肋连接处横隔板远端面上焊趾处热点应力为 80.8MPa，近端面上焊趾处热点应力为 70.9MPa，应力云图见图 6.19(a)；而补强钢板边缘距离 U 肋仅 10mm 的方案 D，横隔板远端面上焊趾处热点应力增至 99.2MPa，近端面上焊趾处热点应力增至 83.6MPa；而方案 A 对弧形切口优化后，横隔板远端面上焊趾处热点应力降至 10.6MPa，近端面上焊趾处热点应力降至 7.8MPa，可知弧形切口优化对横隔板与 U 肋连接处横隔板焊趾位置应力有明显改善作用；方案 B、C、E、F 与方案 A 相比，应力值变化很小，可见切口优化后再加补强钢板时，由于补强钢板边缘距离 U 肋 30mm，对该处应力几乎没影响。

文献[14,16]指出采用名义应力法时分散的试验结果转化成热点应力后变得很集中，且都位于《美国公路桥梁规范》[17]的 C 级 S-N 曲线上方，因此可以采用 C 级作为各构造的热点应力疲劳等级，即 2×10⁶ 万次对应的容许应力幅为 90MPa，常幅疲劳极限为 53MPa。加固方案 D 中，横隔板上焊趾处热点应力达到 99.2MPa，已超过容许应力幅 90MPa，不满足规范要求，将在补强板边缘处母材上形成新的疲劳敏感点。而加固方案 A、B、C、E、F 能有效改善该部位应力，应力均降至 15MPa 以下，满足《美国公路桥梁规范》中的 C 级疲劳等级和我国规范要求。

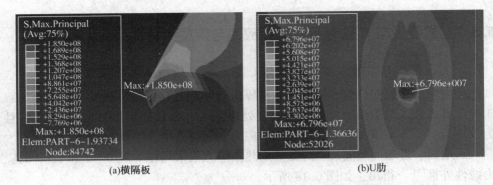

(a)横隔板　　　　　　　　　　　　　　(b)U肋

图 6.19　原设计横隔板与 U 肋连接处不利工况应力云图

（2）背景工程二各方案横隔板与 U 肋围焊处的 U 肋焊趾位置

横向位置 2 纵向位置 5 为各方案横隔板与 U 肋围焊处的 U 肋受力最不利加载工况；横隔板与 U 肋围焊处 U 肋焊趾位置按上述方法线性外推，可得 U 肋腹板外表面受拉应力（热点应力），内表面受压应力。各方案内外表面最不利应力见图 6.20。

原设计横隔板与 U 肋围焊处的 U 肋焊趾位置热点应力为 41.5MPa，应力云图见图 6.19（b）。而采用方案 D 加固后，该处热点应力增至 45.8MPa，可见补强钢板边缘距离 U 肋太近，也会导致横隔板与 U 肋围焊处 U 肋焊趾位置应力增大；方案 A 对弧形切口优化后，该处热点应力降至 10.2MPa，可知弧形切口优化对 U 肋焊趾位置应力也有改善作用；方案 B、C、E、F 与方案 A 相比，应力值变化很小，可见切口优化后再加补强钢板时，对 U 肋焊趾处的应力几乎没影响。各方案横隔板与 U 肋围焊处的应力值均满足《美国公路桥梁规范》中的 C 级疲劳等级和我国规范要求。

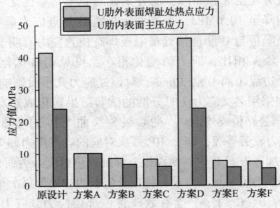

图 6.20　横隔板与 U 肋围焊处 U 肋焊趾位置不利工况应力值

6.5.3　横隔板与桥面板连接处轮载应力与抗疲劳特性

（1）背景工程二各方案横隔板与桥面板连接处的横隔板焊趾位置

横向 2 纵向 1 为各方案横隔板与桥面板连接处横隔板焊趾出现最大主拉应力的加载工况；横向 3 纵向 1 则为出现最大主压应力与最大 mises 应力的加载工况。采用距焊趾 0.4d 和 1.0d 的应力线性外推，得出各方案横隔板上焊趾处的热点应力值，见图 6.21。原设计远端面上热点应力为 7.2MPa，近端面上为 6.9MPa；切口形状不变的方案 D 远端面上热点应力为 8.4MPa，近端面上为 7.9MPa，边缘尚有一定距离的双面加补强钢板对该处应力几乎没有影响；方案 B 与方案 C 该处应力基本相等，方案 E 和方案 F 较方案 B 相应应力变化很小，也印证了这一结论；仅弧形切口优化（增大半径）的方案 A 远端面上焊趾处热点应力为 18.0MPa，近端面上为 17.6MPa，较原设计增加了 1 倍以上，弧形切口半径增大，横隔板削弱，导致相应应力显著增大。原设计和 6 种加固方案，横隔板与桥面板连接处横隔板上热点应力都在 20MPa 以下，均满足《美国公路桥梁规范》中的 C 级疲劳等级和我国规范要求。

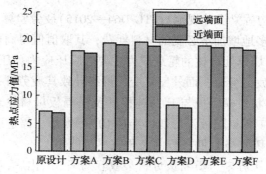

图 6.21　横隔板与桥面板连接处横隔板焊趾位置不利工况应力值

（2）背景工程二各方案横隔板与桥面板连接处的桥面板焊趾位置

横向位置 2 纵向位置 1（即横隔板正上方）为各方案横隔板与桥面板连接处桥面板受力最不利加载工况。横隔板与桥面板连接处桥面板焊趾位置按上述方法线性外推所得顶面受拉应力（热点应力），底面受压应力，各方案顶底面最不利应力见图 6.22。由图 6.22 可见，各方案横隔板与桥面板连接处桥面板顶面主拉应力基本没变，底面主压应力有一定程度增加，但应力值都很小。均满足《美国公路桥梁规范》中的 C 级疲劳等级和我国规范要求。

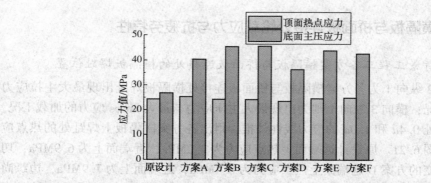

图 6.22　横隔板与桥面板连接处桥面板焊趾位置不利工况应力值

综合 6.5.2 和 6.5.3 节可知，采用"弧形切口优化+双面补强钢板"处治方案，方案 E 的效果最佳。

6.6　结　论

① 《公路钢结构桥梁设计规范》（JTG D64—2015）疲劳验算损伤效应系数等取值或许偏大，将过多地增加不必要的材料耗费，其取值值得商榷。

② 横隔板弧形切口处母材的轮载应力主要为膜压应力；压应力幅耗费压–压循环的横隔板母材疲劳寿命，面外反复变形最终导致其疲劳开裂。

③ 弧形切口形状对横隔板与 U 肋连接处及横隔板母材轮载应力及其峰值影响较大；服役背景工程横隔板弧形切口半径 10mm 太小，需适度增大（如 35mm），且其与 U 肋交点的切线与 U 肋腹板的夹角宜尽可能小。

④ 在服役背景工程中，横隔板母材裂纹较短者（优化后，裂纹自然切除）可采用"弧形切口优化"的处治方案；较长者可采用"止裂孔+弧形切口优化+双面补强钢板"处治方案。

⑤ 补强钢板对补强以外稍远部位（如板厚 2~3 倍以上）的应力影响可忽略。补强钢板尺寸可全桥统一：其边缘距顶板可取 65mm（应覆盖裂纹全长），距 U 肋宜取 30mm（原板厚的 3 倍，太近，会导致横隔板与 U 肋连接焊缝处应力增大）；厚度宜取为 4mm（原板厚的 1/2.5~1/2，过厚，将在补强板边缘处母材上形成新的疲劳敏感点）。

参 考 文 献

[1] 曾志斌. 正交异性钢桥面板典型疲劳裂纹分类及其原因分析[J]. 钢结构, 2011, 26(2):

9-15.

［2］张允士，李法雄，熊锋，等．正交异性钢桥面板疲劳裂纹成因分析及控制［J］．公路交通科技，2013，30（8）：75-80.

［3］王春生，付炳宁，张芹，等．正交异性钢桥面板足尺疲劳试验［J］．中国公路学报，2013，26（2）：69-76.

［4］唐亮，黄李骥，王秀伟，等．钢桥面板 U 肋-横隔板连接接头应力分析［J］．公路交通科技，2014，31（5）：93-101.

［5］GB 50017—2003 钢结构设计规范［S］．北京：中国计划出版社，2003.

［6］TB10002. 2—2005 铁路桥梁钢结构设计规范［S］．北京：中国铁道出版社，2005.

［7］JTG D64—2015 公路钢结构桥梁设计规范［S］．北京：人民交通出版社股份有限公司，2015.

［8］冯美斌，陈新增，何家文．40Cr 钢压应力疲劳试验研究［J］．机械工程材料，1992，16（2）：11-14.

［9］曹智强，由宏新，丁信伟．含缺口结构压疲劳失效研究［J］．机械设计与制造，2005，10：155-156.

［10］高立强．横梁腹板切口形状对正交异性钢桥面板疲劳性能的影响研究［J］．铁道标准设计，2014，58（12）：67-70.

［11］唐亮，黄李骥，刘高．正交异性钢桥面板横梁弧形切口周边应力分析［J］．公路交通科技，2011，28（6）：83-90.

［12］Teixeira de Freitas, Sofia (Delft University of Technology), et al. Structural Monitoring of a Strengthened Orthotropic Steel Bridge Deck Using Strain Data［J］. Structural Health Monitoring, 2012, 11（5）, 558-576.

［13］蒲黔辉，高立强，刘振标，等．基于热点应力法的正交异性钢桥面板疲劳验算［J］．西南交通大学学报，2013，48（3）：395-401.

［14］张清华，崔闯，卜一之，等．港珠澳大桥正交异性钢桥面板疲劳特性研究［J］．土木工程学报，2014，47（9）：110-119.

［15］Bhargava A. Fatigue Analysis of Steel Bridge Details: Hot Spot Stress Approach ［D］. Washington D. C.: The George Washington University, 2010.

［16］American Association of State Highway and Transportation Officials. AASHTO LFRD Bridge Design Specification ［S］. Washington D. C.: American Association of State Highway and Transportation Officials, 2007.

第7章 粘贴 CFRP 板加固钢板的 力学试验研究

7.1 引 言

碳纤维增强聚合物(Carbon Fiber Reinforced Plastic，CFRP)由于其具有优异的力学性能，在土木工程领域的应用越来越广泛。桥梁、厂房、高塔等室外钢结构直接暴露于大气环境当中，其性能受到温度、湿度及电化学腐蚀等环境因素的影响。诸多学者对这些环境因素影响下的 CFRP 胶接钢结构力学性能开展了大量的试验研究。其中 Nguyen 等学者对常温固化 CFRP/钢搭接接头在不同暴露条件的影响进行了研究[1~3]，这些研究成果均表明常见商业常温固化胶黏剂胶接的 CFRP-钢构件的力学性能随试验温度的升高急剧下降；Korayem[4]等学者研究了碳纳米管改性环氧胶粘剂在中温下粘贴碳纤维布与钢双筋接头的失效情况；刘凯[5]等学者在高温条件下建筑结构胶粘结性能试验研究，并结合 Li[6]和 Zhao[7]等团队对胶粘材料加固钢结构粘结性能的影响。因此，研制适用于高温暴露条件下的胶粘材料，并寻找合适的加固技术方案，对服役温度条件下 CFRP-钢复合构件的力学性能开展研究，对于推广 CFRP/胶黏剂/钢(CAS)体系在钢结构加固领域的应用具有重要意义。

7.2 试验材料性能

7.2.1 胶黏剂热力学性能

通过对四种环氧胶黏剂静态及动态力学特性探讨，根据 ASTM[8]中玻璃转化温度分配的标准试验方法，并通过提取玻璃转化温度及热变形温度对胶黏剂耐温性能进行评价。此四种胶黏剂采用切线法所获得的玻璃转化温度与 C 法热变形温度均未达到60℃。因此，我课题组与某化工研究院合作在C1胶的基础上进行改进，参考贺曼罗[9]对各种环氧树脂胶黏剂的研究，研制了可耐受土木工程服役环境温度且具有良好抗疲劳性能的高韧性环氧树脂胶黏剂HJY胶。

考虑到常温养护胶黏剂的耐高温性能普遍有限，我们在HJY胶固化剂中添加了耐高温组分，其在高温条件下反应能加速环氧胶黏剂的固化速度，同时提高耐高温性能。已有研究表明，胶黏剂的固化反应遵循阿伦尼乌斯方程，其固化速率及固化度随固化温度变化。本小节试验将考虑固化时间及固化温度及后固化效应对HJY胶的热力学性能的影响，试验采用动态热机械分析(DMA)的方式获取各工况下胶黏剂的热力学性能。HJY胶试件分组情况及试验结果见表7.1。

表7.1 固化时间及固化温度对HJY胶的热力学影响

试件编号	宽/mm	厚/mm	测试模式	T_{gS}/℃	T_{gL}/℃	T_{gT}/℃	tanδ
HJY-25-7d	12.72	2.91	双悬臂	38.08	44.64	55.26	0.7944
HJY-25-7d+55-4h	12.64	2.47	双悬臂	55.94	59.36	68.95	0.9029
HJY-25-7d+80-4h	12.65	2.85	双悬臂	77.56	79.53	89.21	0.9377
HJY-80-30min	12.75	3.36	双悬臂	36.15	40.19	50.78	1.068
HJY-80-45min	12.96	3.12	双悬臂	42.88	45.63	58.64	0.9381
HJY-80-1h	12.92	3.38	双悬臂	46.99	52.13	65.6	0.8428
HJY-80-2h	12.75	3.38	双悬臂	60.54	64.28	77.66	0.7694
HJY-80-3h	12.71	2.92	双悬臂	71.24	73.7	86.13	0.7238
HJY-100-15min	12.75	3.18	双悬臂	31.5	36.01	48.98	1.171
HJY-100-30min	12.9	3.24	双悬臂	54.19	55.42	68.49	0.8068
HJY-100-1h	12.75	3.25	双悬臂	64.02	67.7	82.81	0.7338
HJY-100-1.5h	12.95	3.17	双悬臂	70.94	74	90.55	0.6754
HJY-100-3h-1	12.76	3.08	双悬臂	72.35	75.79	91	0.6878

80℃高温固化下玻璃转变温度随固化时间变化曲线，如图7.1所示。可以看到，随着固化时间的增长，其耐高温性能逐步提升，当固化时间达3h，最为保守的切线法T_{gS}已高达71.24℃，能满足一般土木工程结构的耐高温服役需求。为进一步降低固化时间，节约施工时间成本，进一步考察了100℃高温固化的情况。

100℃高温固化下玻璃转变温度随固化时间的变化曲线如图7.2所示。结果表明，随着固化时间增加，玻璃转化温度不断提高，但当时间超过1h以后，玻璃转化温度的增幅减缓，1.5h及3h固化后，玻璃转化温度均超过70℃，且两者相差不大。因此，可认为100℃超过3h后，环氧胶黏剂的固化基本完成。可以看到，固化时间达到 1h 时，切线法 T_{gS} 已达到 64.02℃，能满足土木工程结构的耐高温需求及钢箱梁内部加固的需要。

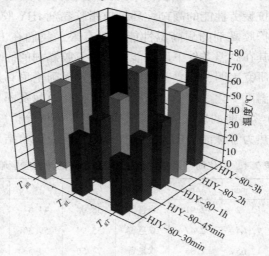

图 7.1　80℃高温固化下玻璃转变温度随固化时间变化曲线

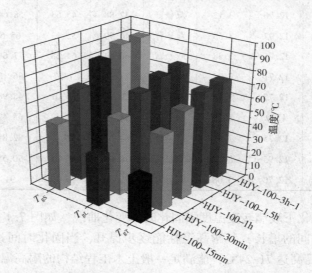

图 7.2　100℃高温固化下玻璃转变温度随固化时间变化曲线

玻璃转变温度随不同固化温度的变化如图 7.3 所示。可以看到，80℃高温固化 1h 较 25℃固化 7 天的试件，其玻璃转化温度增幅并不大。但 100℃固化 1h 的试件其玻璃转化温度较 25℃固化 7 天的试件，玻璃转化温度显著提高。结果表明，100℃固化 1h 较前两种固化方案具有更高的固化效率。

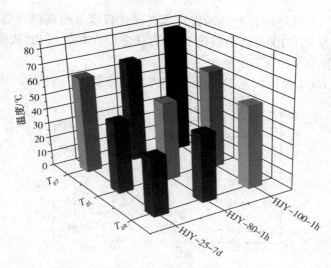

图 7.3　玻璃转变温度随初始固化温度的变化

因结构在自然环境下暴露，在胶接固化施工完成后，仍可以借助大气温度的变化进一步固化。因此，本试验考虑了后固化效应对胶黏剂玻璃转化温度的影响。试验结果如图 7.4 所示，结果表明，后固化效应能够提高胶黏剂的玻璃转化温度。且随着后温度及时长的升高，如对常温固化 7 天试件继续 80℃高温后固化，其耐高温水平将与高温完全固化持平。

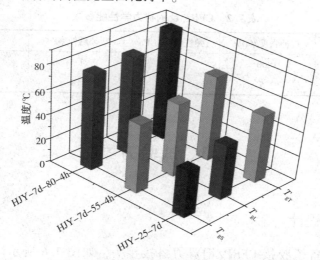

图 7.4　玻璃转变温度随后固化温度的变化

因此，基于 HJY 胶在 100℃固化 1h 条件下具有较高的固化效率，并且其固化后玻璃转化温度亦较高，能满足大部分土木工程结构的服役需求。再者，后固化效应的存在，使其能随着时间的推移提高固化程度及耐高温性能，故 HJY 胶在施工时，推荐采用 100℃高温固化 1h 的方式进行。本章 CFRP 胶接钢结构力学性能试验的固化亦采用该固化制度。

HJY 胶在 100℃高温固化 1h 的动态热力学响应如图 7.5 所示。

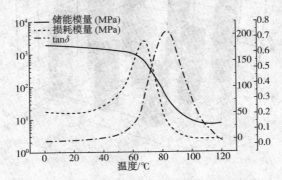

图 7.5　HJY 胶 100℃高温固化 1h 的动态热力学响应

7.2.2　CFRP 板及钢材力学性能

根据南京某 CFRP 生产商提供的检测报告，获得 CFRP 板的力学性能。制作钢材的拉伸试件，测试钢材的力学性能，具体材料力学性能参数见表 7.2。

表 7.2　CFRP 及钢材力学性能参数

项目	拉伸强度/MPa	弹性模量/GPa	断裂延伸率/%	泊松比
CFRP	1800	162.5	1.1	0.3
钢材	375	206	18	0.3

7.3　试验方案

7.3.1　试件设计

设计并制备了胶接 CFRP/钢双剪搭接接头，如图 7.6 所示。试件宽度为 50mm，钢板、碳板及胶层厚度分别为 12mm、1.4mm、1mm。Fawzia 认为，胶接 CFRP/钢具有一个有效粘结长度，当粘结长度超过此长度后，继续延长粘结长度，试件的极限荷载将不会增大。因此，在进行高温试验前，先对常温下粘结长度分别为5cm、8cm、12cm、20cm 的 CFRP/钢双剪搭接接头进行试验。其中靠近中心搭接区域的一侧钢板前端，本文记为 F 端；远离中心搭接区靠近张拉端的 CFRP 板的端部，记为 E 端。根据不同的搭接长度，具体的试验示意图见图 7.6，测试分组情况见表 7.3。

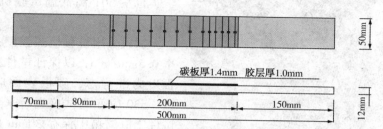

图 7.6　胶接 CFRP/钢双剪搭接接头示意

表 7.3　胶接 CFRP/钢双剪搭接接头试验分组

项目	试验温度/℃	胶层厚度/mm	粘结长度/cm	碳板长度/cm	试件总长度/cm	数量/个
100℃高温固化 1h 后常温养护 7d	25℃	1	5	35	50	5
	25℃	1	8	35	50	5
	25℃	1	12	35	50	4
	25℃	1	20	35	50	4
	25℃	1	20	35	50	4
	55℃	1	20	35	50	3
	70℃	1	20	35	50	3
	80℃	1	20	35	50	3
	90℃	1	20	35	50	3
	100℃	1	20	35	50	3

对碳板表面布置应变测点，本文采用了不同的应变片粘贴位置，但应变片的测试方案相同。考虑到应变测点的面积，第一个应变测点距离交接面端部(F 端)5mm。多个测点的间距布置见表 7.4。

表 7.4　多个测点间距布置表

测点编号	1#	2#	3#	4#	5#	6#	7#	8#	9#	10#	11#	12#	13#
距离前测点距离/mm	5	10	10	10	10	10	20	20	20	20	20	20	20

7.3.2　试验加载

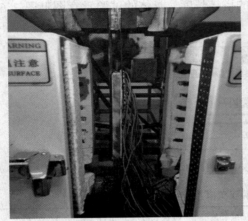

图 7.7　试件装载

试验测试在长沙理工大学工程力学实验室 30T 高低温试验机上进行，如图 7.7 所示。

加载采用位移模式控制，加载速率 0.5mm/min，以保证试件在拉伸过程中为准静态，碳板表面应变采用 TDS 530 应变测试仪进行采集。高温试件于恒温箱中保存 30min 后取出装载，试件完成对中后打开下端液压夹头，关闭温度箱，待温度上升至指定测试温度后再次夹紧下端夹头，以确保释放掉温度荷载。在试验加载过程中密切注意试件损伤情况，及时记录界面剥离及损伤情况。

7.4　常温下试验结果及分析

7.4.1　常温失效模式及失效荷载

采用 HJY 胶水粘贴 1.4mm CFRP 板和 12mm 的钢板，搭接长度包括 5mm、8mm、12mm、16mm、20mm 等不同尺寸。在张拉过程中，对极限荷载和最大位移进行测量，并积极观察双剪构件破坏后的形态，列于表 7.5。

表 7.5　胶接 CFRP/钢双剪搭接接头试验结果

试件名称	极限荷载/kN	最大位移/mm	失效模式
HJY-5-25-100-1	60.8	1.37	一面碳板深层层离，一面 CFRP/胶脱粘
HJY-5-25-100-2	42.9	0.97	一面碳板深层层离，一面 CFRP/胶脱粘
HJY-5-25-100-3	87.34	1.89	双面碳板深层层离
HJY-8-25-100-1	108.62	2.45	双面碳板深层层离
HJY-8-25-100-2	105.1	2.33	双面碳板深层层离

续表

试件名称	极限荷载/kN	最大位移/mm	失效模式
HJY-8-25-100-3	153.63	3.46	一面碳板深层层离，一面碳板爆裂
HJY-8-25-100-4	177.7	4.01	一面混合破坏，一面碳板爆裂
HJY-8-25-100-5	128.948	2.88	双面碳板深层层离
HJY-12-25-100-1	91.779	2.05	一面碳板深层层离，一面 CFRP/胶脱粘
HJY-12-25-100-2	89.35	1.95	一面碳板深层层离，一面 CFRP/胶脱粘
HJY-12-25-100-3	147.9	3.08	一面碳板深层层离，一面碳板爆裂
HJY-12-25-100-4	146	3.33	一面碳板深层层离，一面碳板爆裂
HJY-12-25-100-5	177.38	3.75	一面碳板深层层离，一面碳板爆裂
HJY-16-25-100-1	120.69	2.28	双面碳板深层层离
HJY-16-25-100-2	146.6	3.09	双面碳板深层层离
HJY-16-25-100-3	88.93	1.91	一面碳板深层层离，一面 CFRP/胶脱粘
HJY-16-25-100-4	49.04	1.02	一面碳板深层层离，一面 CFRP/胶脱粘
HJY-20-25-100-1	98.85	2.19	一面碳板深层层离，一面 CFRP/胶脱粘
HJY-20-25-100-2	77.05	1.67	一面碳板深层层离，一面 CFRP/胶脱粘
HJY-20-25-100-3	54.89	1.63	一面碳板深层层离，一面 CFRP/胶脱粘
HJY-20-25-100-4	59.79	1.7	一面碳板深层层离，一面 CFRP/胶脱粘

各试件的失效模式如图7.8所示。试验中出现了 CFRP/胶界面脱粘、碳板深层层离和碳板爆裂这三种典型的失效模式。失效模式与粘结长度及失效荷载的关系如图7.9所示。由图中可知，失效模式对极限荷载的影响很大。同一粘结长度的试件中，碳板爆裂试件的极限荷载最大，双面碳板深层层离失效次之，CFRP/胶界面脱粘的极限荷载最小。一般认为 CFRP/胶界面脱胶的情况为试件粘贴或者张拉过程中未达到严格对中，CFRP 板-胶-钢板之间存在试件厚度方向的剥离力，加速了试件的界面破坏。而碳板爆裂的破坏状态可描述为：试件发生剥离的现象很小，随着张拉荷载的增大，界面储存了大量的势能，直到界面的剪应力达到或超过抗剪承载力时，碳板发生大规模的爆裂。

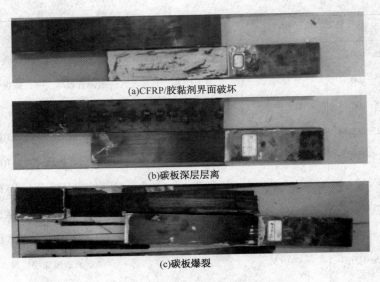

(a)CFRP/胶黏剂界面破坏

(b)碳板深层层离

(c)碳板爆裂

图 7.8　不同搭接长度试件的失效模式

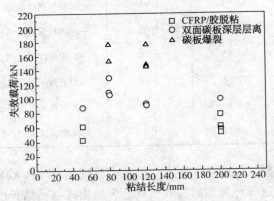

图 7.9　不同失效模式试件的极限荷载分布

7.4.2　荷载位移关系

各组试件加载过程荷载-位移关系如图 7.10 所示，图中平滑段位移为液压夹具夹持前期发生滑移夹紧所致。扣除该部分位移后，双剪试件对拉时的位移包括：两侧钢板的被动拉伸变形；胶黏剂剪切变形；胶接界面滑移变形；碳纤维板拉伸变形。根据计算分析，拉伸极限荷载作用下，钢板未达到屈服，碳纤维板也处于弹性状态。因此塑性变形主要由胶黏剂剪切变形及界面滑移导致。

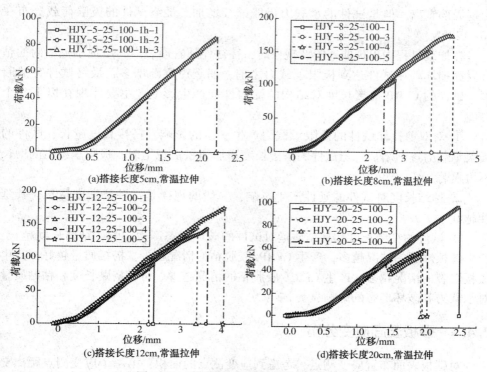

图 7.10 不同搭接长度下荷载-位移曲线

在加载之初，由于锚具和仪器设备的初始变形，存在一段位移曲线：荷载提高很少，位移却迅速增加。在试验分析过程中不予考虑。

当荷载少量增加，荷载位移曲线进入了线性阶段。对于 CFRP 粘结钢板长度5cm 的试件，整个荷载-位移曲线基本上为线性变形，当荷载达到 50~90kN 时，突然发生破坏，其破坏形态为 CFRP/胶界面脱粘。说明粘结长度 5cm 的试件的塑性变形能力差，且极限荷载较小；对于 CFRP 粘结长度为 8cm 的试件，荷载在100kN 以前，荷载变形曲线均为线性，当荷载超过 100kN 以后，进入了弹塑性变形阶段，随着荷载的增加，试件拉伸长度逐渐快速增长，当荷载在 120~185kN时，三个试件分别进入塑性阶段并突然被拉断，其破坏形态为 CFRP/胶界面脱粘和碳板深层层离两种状态；对于 CFRP 粘结长度为 12cm 的试件，荷载在 100kN以前，同样为弹性变形阶段，当荷载大于 100kN 以后也出现了塑性变形，随着荷载的继续增加，试件拉伸长度与荷载的关系曲线逐渐表现出明显的塑性，并在不同的张拉荷载作用下突然断裂。最小的失效荷载为 120kN，最大的失效荷载为180kN；对于 CFRP 粘结长度为 20cm 的试件，在整个拉伸过程中，荷载-位移曲线主要为线性的。其中试件 1 和试件 3 在拉伸过程中曲线出现阶跃，为粘接界面出现局部剥离，但是试件的承载力仍能继续增加。最终试件的极限荷载分布在 80~120kN。

在加载过程中出现曲线阶跃现象时，往往伴随着崩裂声，出现小范围内的粘接界面损坏。在试件达到极限承载力之前，崩裂声逐渐增多，最终试件突然断裂。试件的 CFRP 搭接长度对结构的受力性能产生影响。主要体现在以下几个方面：

① 对双剪拉伸试件的极限承载力产生一定的影响，搭接长度越长，试件的极限承载力逐渐增加，当试件的搭接长度增加到 8cm 以上时，极限承载力的增长不再显著。

② 粘结长度对试件的延性产生影响，一般的规律是：搭接长度越长，其延性越好。

③ 试件的粘结长度和粘结质量对试件的破坏形态产生影响，粘结长度越长，产生碳板爆裂的情况越多，产生 CFRP/胶脱粘的情况越少。搭接质量越好，产生碳板爆裂的情况越多，产生 CFRP/胶脱粘的情况越少。可见搭贴长度和粘贴质量对承载力和破坏形态的影响显著。

7.4.3　碳板表面应变分布

对碳板表面布置应变测点，考虑到应变测点的面积，第一个应变测点距离交接面端部(F 端)5mm。多个测点的间距布置见表 7.4。

由图 7.11 可知，搭接长度 5cm 和 8cm 的试件，在整个加载过程中 1# 测点(靠近 CFRP 加载端 F)的应变值最大，远离交界位置(CFRP 自由端 E)的应变值最小，符合剪切应力传递规律。搭接长度为 5cm 的双剪拉伸试件的拉伸力为 60kN 时，距离交界位置 45cm 处的测点应变达到 750 微应变，说明搭接长度过小，导致 CFRP 与钢板交界面全部受剪，此种情况不利于提供足够的安全富余和拉伸延性变形。当搭接长度大于 8cm 后，75mm 后的应变始终很小，说明超过 8cm 的搭接长度有利于保证静力荷载的传递。

当搭接长度为 12cm 和 20cm 时，CFRP 侧面的应变规律产生变化。当拉伸力较小时，靠近交界断面(距离 5mm)的测点 1 应力最大，距离交界断面 15mm 的测点 2 应力要远小于测点 1 的应力值。当拉伸荷载大于 70kN 以上时，距离交界断面 15mm 的 2# 测点应力接近 1# 测点的应力值，甚至等于 1# 测点的应力值。此时，说明 1# 测点到 2# 测点之间的粘接界面完全剥离，1# 测点到 2# 测点之间没有界面剪应力的传递，来减少这一段范围内 CFRP 的截面正应力。由于胶接长度较长，当粘接截面局部位置剥离时，仍能保证试件在轴力作用下的承载性能。

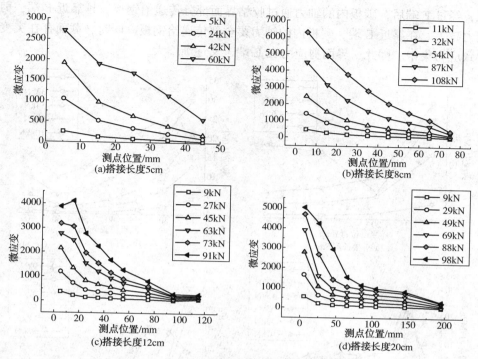

图 7.11 HJY 胶-CFRP 双剪常温试件碳板表面应变分布

7.4.4 界面剪应力分布

通过各测点应变进行插值[10]，可以近似得到测点 $i-1$ 与测点 i 之间中点处的界面剪应力 τ_i：

$$\tau_i = \frac{(\varepsilon_i - \varepsilon_{i-1})E_f\tau_f}{\Delta l_i} \tag{7.1}$$

式中，ε_i 为 CFRP 板点 i 处的应变；E_f 为 CFRP 弹性模量；τ_f 为 CFRP 厚度；Δl_i 为测点 $i-1$ 和测点 i 之间的距离。

根据搭接长度和双剪拉伸荷载，确定了不同荷载等级作用下胶粘界面的剪应力分布规律。对于搭接长度为 5cm 的试件，靠近 F 端的区域剪应力最大；远离 F 端，靠近 E 端的区域剪应力最小。当拉伸荷载达到 60kN 时，剪应力分布曲线不同于荷载小于 60kN 作用下的剪应力分布曲线，可以解释为界面部分剥离，导致剪应力分布不均匀。

如图 7.12 所示，对于搭接长度为 8cm 的剪应力分布曲线，胶粘界面两端的剪应力大，这与钢板和碳板内的荷载传递有关。在 F 端，对拉轴力完全由碳板承载，经过 F 端后，碳板内的轴力通过胶粘界面部分传递给钢板，越靠近 F 端，剪应力越大。在靠近 E 端，碳板内的轴力要全部传递给钢板，同时，截面存在突变导致应力集中。因此，界面剪应力在 E 端，又逐渐增大。

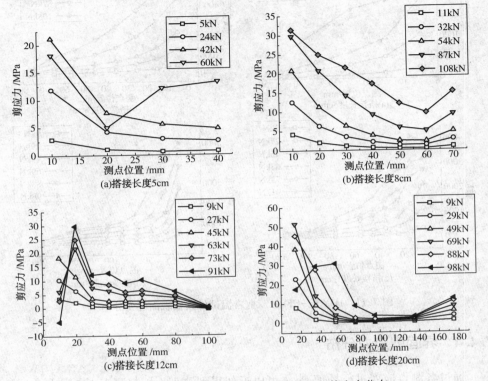

图 7.12 HJY 胶-CFRP 双剪常温试件界面剪应力分布

对于搭接长度为 12cm 和 20cm 的试件，随着拉伸荷载的逐渐增加，其剪应力分布规律仍符合短搭接长度（5cm、8cm）的分布规律，随着拉伸荷载的继续增加，胶粘界面发生局部剥离，导致剪应力分布不均匀。

以上测试和分析表明，界面剪应力峰值约为 30MPa，搭接长度较短的情况下，粘结界面局部剥离将导致试件迅速被拉断；搭接长度较长的情况下，界面局部剥离后，结构仍然具有一定的承载能力。

7.4.5 粘结相对滑移本构

粘结相对滑移本构即为界面局部微元的剪应力-相对滑移量关系（可描述为 $\tau - s$ 曲线），此本构能够表征界面在荷载作用下的粘结失效过程，通过界面滑移本构能够形象地描述界面强度关系，是界面性能研究的关键参数。

已经得到界面各测点剪应力。从夹持端(F 端)到测点 i 对 CFRP 应变进行数值积分[10]，得到测点 $i-1$ 与测点 i 之间中点处的局部相对滑移 s_i：

$$s_i = \sum_{j=1}^{i} \frac{\varepsilon_j + \varepsilon_{j-1}}{2} \Delta l_j \qquad (7.2)$$

由式(7.2)联合即可以得到各测点在不同加载阶段的界面剪应力-相对滑移关系。

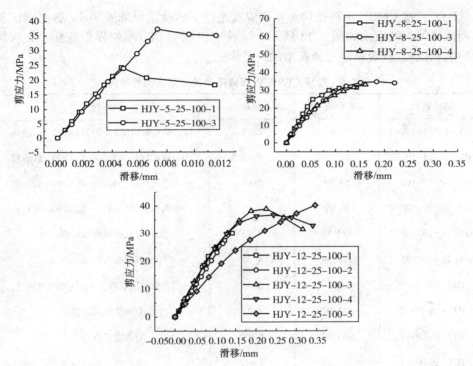

图 7.13 粘结-相对滑移本构曲线

结果表明：剪应力-相对滑移本构曲线随着相对滑移量的增加，剪应力逐渐增加。如图 7.13 所示，当搭接长度为 5cm 的情况下，此本构在前期呈现线性关系，当剪应力逐渐增大，测试点的相对滑移量不再增加。对于搭接长度为 8cm 和 12cm 的剪应力-相对滑移本构曲线，存在线性阶段、弹塑性阶段和塑性变形阶段。当荷载较小时，处于线弹性阶段；当荷载增大时，界面出现塑性变形。

7.5 不同温度下试验结果及分析

7.5.1 高温失效模式及失效荷载

HJY 胶接 CFRP-钢搭接接头在高温度条件下试验结果见表 7.6。各高温试验系列试件的失效模式如图 7.14 所示。试验中出现了 CFRP/胶界面脱粘、碳板深层层离和钢板/胶脱粘这三种典型的失效模式。

表 7.6　胶接 CFRP/钢双剪搭接接头高温试验结果

试件名称	极限荷载/kN	最大位移/mm	破坏模式
HJY-20-25-100-1	98.85	2.19	双面碳板表层层离(类似 CFRP/胶脱粘)
HJY-20-25-100-2	77.05	1.67	一面碳板深层层离,一面 CFRP/胶脱粘
HJY-20-25-100-3	54.89	1.63	一面碳板深层层离,一面 CFRP/胶脱粘
HJY-20-25-100-4	59.79	1.7	一面碳板深层层离,一面 CFRP/胶脱粘
HJY-1h-100-55-1	189.53	4.73	双面碳板深层层离
HJY-1h-100-55-2	168.56	4.31	双面碳板深层层离
HJY-20-70-1	103	2.43	一面碳板深层层离,一面 CFRP/胶脱粘
HJY-20-70-2	172.01	4.47	双面碳板深层层离
HJY-20-70-3	193.76	5.127	双面碳板深层层离
HJY-20-80-1	192.91	5.015	双面碳板深层层离
HJY-20-80-2	68.23	2.303	一面碳板深层层离,一面 CFRP/胶脱粘
HJY-20-90-1	58.59	1.82	一面碳板深层层离,一面 CFRP/胶脱粘
HJY-20-90-2	205.43	6.183	一面碳板深层层离,一面钢板/胶脱粘
HJY-20-100-1	191.55	5.182	一面碳板深层层离,一面钢板/胶脱粘
HJY-20-100-2	54	2.513	CFRP/胶脱粘(制作存在缺陷)

由图 7.15 可知,不同失效模式下试件的极限荷载差异大,且规律与常温试验结果一致:CFRP/胶界面脱粘的极限荷载最小。CFRP/胶界面脱胶的情况为试件粘贴或者张拉过程中未达到严格对中,CFRP 板-胶-钢板之间存在沿试件厚度

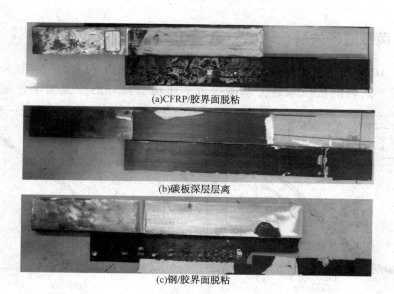

(a)CFRP/胶界面脱粘

(b)碳板深层层离

(c)钢/胶界面脱粘

图7.14 不同试验温度下典型失效模式

方向的剥离力,加速了试件的界面破坏。随着温度的升高,失效模式由碳板深层层离向钢/胶失效发生转变。同一温度试件可能出现不同的失效模式,这是因为表面处理、手工粘结工艺存在一定的差异或缺陷,导致界面提前失效。同时,随着温度的升高,同一温度试件失效荷载差异增大,这进一步说明了良好的表面处理及粘结工艺对胶接CFRP-钢结构性能的重要性。

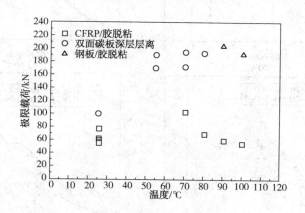

图7.15 不同温度试验条件下极限荷载分布

7.5.2 荷载位移关系

图 7.16 中表明：①荷载-位移曲线体现了采用 HJY 胶双剪拉伸试件在不同温度环境下的轴向抗拉承载力基本接近，体现了良好的耐温力学性能。②在

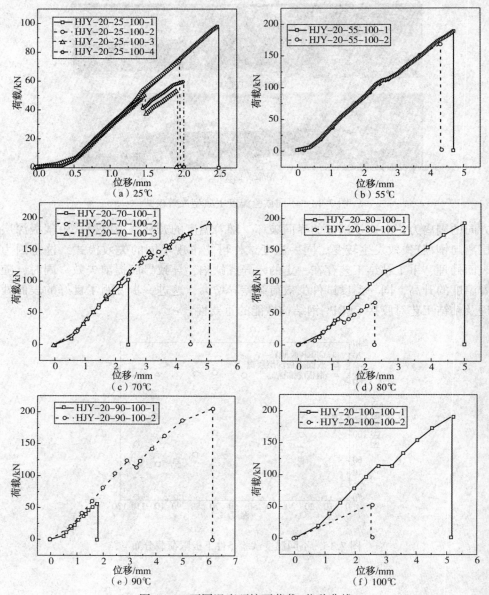

图 7.16 不同温度环境下荷载-位移曲线

20~100℃的环境温度下，荷载-位移曲线荷载较小时接近线性，荷载较大时曲线出现阶跃。③温度越高，荷载-位移曲线在较大荷载作用下的塑性越明显，但差距不大。从不同温度下胶粘剂的拉伸应力-应变关系中可以看出，随着温度的增加，材料塑性性能将导致结构具有更好的延性。随着温度的升高，破坏模式发生变化。

7.5.3 碳板表面应变分布

由图 7.17 可知，在整个加载过程中，$1^{\#}$测点（靠近 F 端）的应变值最大，远离交界位置的应变值最小，符合剪切受力特性。在 55℃ 以下时，当荷载在极限荷载的 70% 范围内，CFRP 表面应变主要在 100mm 范围内分布，证明该温度区间应力传递效率较高。随着温度的升高，CFRP 表面应变分布区域变广，这是胶黏剂弹性模量及强度下降、界面性能劣化的缘故。温度继续上升后，在结构失效之前，CFRP 的表面应变将在全长方向上分布，这说明前端胶接失效后，应力仍能向前传递，具有一定延性。

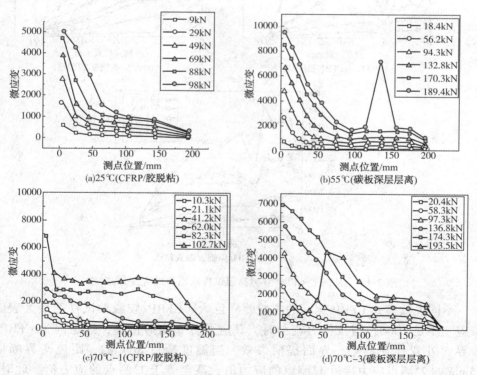

图 7.17　HJY 胶-CFRP 双剪高温试件碳板表面应变分布

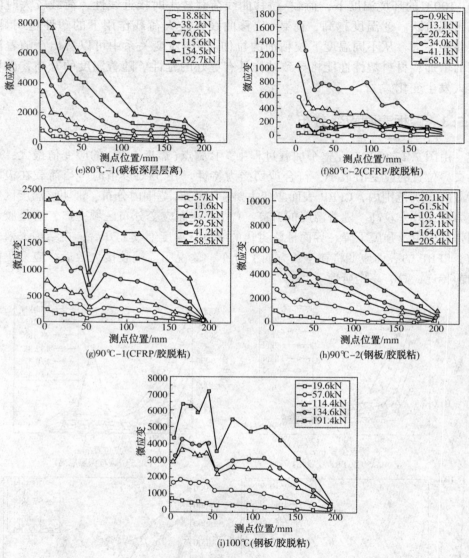

图 7.17 HJY 胶-CFRP 双剪高温试件碳板表面应变分布(续)

　　不同失效模式 CFRP 侧面的应变差异巨大。CFRP/胶脱粘试件的最大表面微应变不足 7000，当拉伸力较小时，其应变分布向后传递，这是因为 CFRP/胶界面处置存在问题，界面提前失效。当温度超过 80℃后，距离交界断面 15mm 的 2#测点应力接近 1#测点的应力值，甚至等于 1#测点的应力值。此时，说明 1#测点到 2#测点之间的粘接界面完全剥离，1#测点到 2#测点之间没有界面剪应力的传递，来减少这一段范围内 CFRP 的截面正应力。由于搭接长度大于有效粘结长度，当粘接截面局部位置发生损伤剥离时(如 90-2 及 100-1 试件)，仅产生荷载的阶跃，而不发生结构的整体失效，其仍有足够长度能保证承载能力。

7.5.4　界面剪应力分布

不同温度下加载阶段各试件的界面剪应力分布如图 7.18 所示。在 70℃ 范围内，所获得的剪应力分布规律性较强，剪应力在距 F 端 100mm 范围内传递。随着荷载水平的上升，前端发生损伤，应力向后传递，从图 7.18 中可以看到大致损伤破坏的过程。当温度达到 80℃ 以后，在荷载水平较低时，剪应力分布仍具有明显的传递规律。当随荷载水平提高，因高温使界面及胶黏剂性能弱化且 HJY 胶内部存在一定气泡缺陷，故继续承载，剪应力向后分布，且较为复杂。

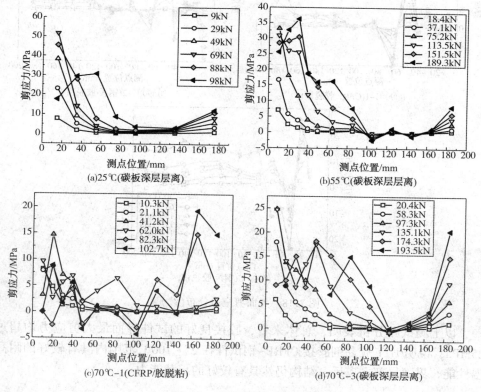

图 7.18　界面剪应力分布

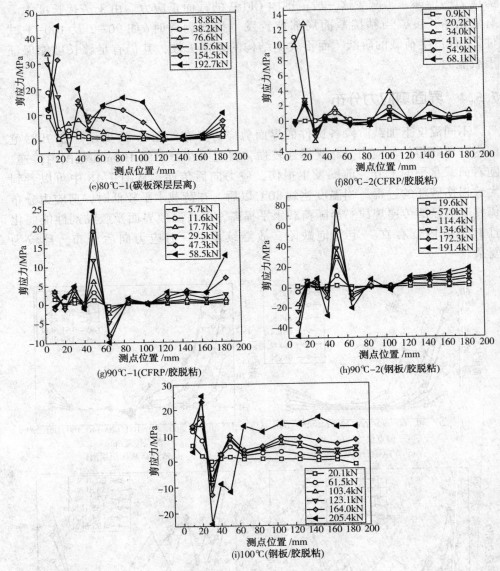

图 7.18　界面剪应力分布(续)

　　以上测试和分析表明，总体来看，胶接良好的试件界面最大剪应力均超过 25MPa，说明 HJY 胶黏剂胶接 CFRP-钢试件在 25 ~ 100℃ 范围内具有较好的耐高温性能，界面局部剥离后，结构仍然具有较好的承载能力。

7.6　结　论

① 适当提高环氧胶黏剂的固化温度及固化时间，能够有效地提高其耐高温性能。添加耐高温材料的胶黏剂，在施工固化后，将其暴露在适宜高温环境中，能够使胶黏剂继续发生后固化，提高耐高温性能。

② 耐高温高韧性环氧树脂胶黏剂 HJY 胶在 100℃条件下固化 1h 具有较高的固化效率及固化后性能，施工时可利用其后固化特性，在缩短固化施工时间的同时获得较好的耐高温性能。

③ 失效模式对胶接 CFRP-钢试件的失效荷载影响巨大。碳板爆裂试件的极限荷载最大，双面碳板深层层离失效次之，CFRP/胶界面脱粘的极限荷载最小。

④ 在有效粘结长度以内将粘结长度适当地延长，可以提高胶接 CFRP-钢试件的极限荷载。超过一定长度后，继续延长粘结长度可以提高试件的延性。

⑤ 对于胶接良好的试件，随着温度的升高，失效模式将由碳板的爆裂或层离转变为钢/胶接界面的失效。

⑥ 在 25~100℃范围内，温度升高并未使 HJY 胶胶接 CFRP-钢试件的力学性能发生明显退化，表明 HJY 胶能够用于需耐受较高温度的土木工程结构。

⑦ 应当注意的是，HJY 胶由于尚处于开发阶段，其固化时易发生胶烧现象，禁止将其进行大量(甲乙组分超 500g)拌和固化。因其中添加性能材料较多，组分混合搅拌时易产生气泡且黏度较高，气泡不易排出，形成较大面积试件时可能存在胶接缺陷，影响其性能发挥。该问题尚待解决。

参 考 文 献

[1] Nguyen T, Bai Y, Zhao X, et al. Mechanical Characterization of Steel/CFRP Double Strap Joints at Elevated Temperatures[J]. Composite Structures, 2011, 93(6)：1604-1612.

[2] Bai Y, Nguyen T C, Zhao X L, et al. Environment-Assisted Degradation of the Bond Between Steel and Carbon-Fiber-Reinforced Polymer[J]. Journal of Materials in Civil Engineering, 2014, 26(9)：148.

[3] Nguyen T, Bai Y, Zhao X, et al. Durability of Steel/CFRP Double Strap Joints Exposed to Sea Water, Cyclic Temperature and Humidity [J]. Composite Structures, 2012, 94 (5)：1834-1845.

[4] Korayem A H, Chen S J, Zhang Q H, et al. Failure of CFRP-to-steel Double Strap Joint Bonded Using Carbon Nanotubes Modified Epoxy Adhesive at Moderately Elevated Temperatures [J]. Composites Part B：Engineering, 2016, 94：95-101.

［5］刘凯，罗仁安，陈有亮．建筑结构胶高温粘结性能试验研究［J］．建筑结构，2010（6）：106-109.

［6］Li C，Ke L，He J，et al. Effects of Mechanical Properties of Adhesive and CFRP On the Bond Behavior in CFRP - strengthened Steel Structures［J］．Composite Structures，2019，211：163-174.

［7］Zhao X，Zhang L. State - of - the - art Review on FRP Strengthened Steel Structures［J］．Engineering Structures，2007，29（8）：1808-1823.

［8］ASTM. Standard Test Method for Assignment of the Glass Transition Temperature［S］．2011.

［9］贺曼罗．环氧树脂胶粘剂［M］．北京：中国石化出版社，2004.

［10］陆新征．FRP-混凝土界面行为研究［D］．北京：清华大学，2005.

第 8 章　粘贴 CFRP 板加固钢板的力学行为分析

8.1　引　言

近年来，采用碳纤维增强聚合物（CFRP）技术对结构进行加固或改造取得了显著的效果。然而，总的来说，试验测试还存在试验的成本、时间、开展难度大和数据采集不全面等方面的缺点。这些缺点更突出了发展其有限元模拟方法的重要性。已有有限元模型大多数仅能就其失效强度及各材料的应力应变模拟，无法考虑失效模式及界面的性能。在损伤模拟方法研究的基础上，对已有胶接不同类型的 CFRP-钢板双剪试验进行模拟验证，并获取试验中未能得到的 CFRP 应变分布、胶层应力及界面性能，并分析其损伤发展过程。

碳纤维复材胶接加固钢结构已引起了结构加固领域的广泛关注。而胶接结构对温度十分敏感，Nguyen 等[1]研究了温度对常温固化条件下 CFRP/钢双搭接接头（DSJ）粘结滑移行为的影响，发现其粘结性能随温度的升高而明显下降。同时，Gamage 等[2]在对常温固化胶接 CFRP 加固混凝土的研究中也发现类似现象。为提高胶接结构的高温力学性能，Chandrathilaka 等[3]提出了一套用于 CFRP/环氧/钢（CAS）体系高温固化的卤素泛光灯系统。他们认为该系统具有实现大型结构高性能加固的可行性，其研究表明，50℃ 及 70℃ 高温养护，分别可使碳纤维增强复合构件的耐高温性能提高 10% 与 20%。Gamage 等[2]研究亦表明，随着胶黏剂玻璃化转变温度 T_g 的增加以及粘结滑移关系的改善，能够使得 CFRP/混凝土胶接节点的耐高温性能提高。

以上学者已对 CFRP/胶接接头的高温力学行为开展了大量的试验研究。然而，由于现在商业及科研所采用的碳纤维增强材料及胶黏剂品种繁多，不仅不同厂家生产的材料本身力学性质之间的差异将影响胶接结构的力学性能，CFRP 与胶黏剂的不同选用组合之间所形成的胶接界面性能也迥异，不同温度下胶黏剂的性能表现差异也很大。同时，不同材料尺寸亦将影响 CFRP 胶接结构的性能表现。若完全依赖于试验手段来研究其高温下的力学性能，存在研究周期长、研究成本高等问题。因此，本章将结合已有试验结果对 CFRP/胶接接头的高温力学行为进行模拟。同时，参考已有研究中常见的材料及尺寸对 CFRP/胶接接头高温力学性能进行参数研究，对 CFRP 胶接加固钢结构提供设计参考。

8.2 胶接碳布−钢板双剪试验模拟

8.2.1 试验结果与模拟结果对比

采用损伤模拟方法建立 Ngyuen[1] 碳布胶接钢板双剪试验模型。试件预测承载力 PFE 与平均承载力 PExp 的结果对比见表 8.1。除去 CF1−80 试件试验所测值偏高的情况，其余所有试件的预测破坏载荷与试验破坏载荷的相对误差控制在3.2%以内，平均相关系数为 1.031。这表明本模型能够准确地预测 CFRP 胶接结构的承载力。

表 8.1 试验平均承载力 PExp 与预测承载力 PFE 结果对比

试件编号	粘结长度 L/mm	试验 PExp/kN	数值模拟 PFE/kN	相对误差/%	失效模式
CF1−20	20	35	33.88	3.2	CFRP 表层层离
CF1−30	30	−	44.51	−	CFRP 表层层离
CF1−40	40	45.9	45.67	0.5	CFRP 表层层离
CF1−50	50	−	46.73	−	CFRP 表层层离
CF1−60	60	46.8	47.31	1.1	CFRP 表层层离
CF1−80	80	53.8	47.59	11.54	CFRP 表层层离
CF1−100	100	47	47.83	1.76	CFRP 表层层离

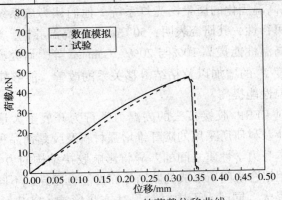

图 8.1 CF1−60 的荷载位移曲线

Ngyuen 在文献中给出了试件 CF1-60 的荷载位移曲线，本文通过 Origin 2018 的数据提取工具将其荷载–位移曲线提取出来与本文模拟结果进行对比。CF1-60 试件试验与数值模拟结果的荷载位移见图 8.1。从图中可以看到，模拟结果与试验结果吻合较好。将不同粘结长度的数值模拟与试验失效荷载绘成散点图，如图 8.2 所示，通过拟合可知，0.5mm 胶层厚度 A420 胶接单层 Mbrace 公司 CF130 型 CFRP 布的有效粘接长度约为 25~30mm。

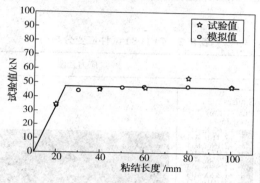

图 8.2　不同粘结长度下试件失效荷载

8.2.2　试验全过程 CFRP 表面应变分布

以 CF1-80 为例，沿 CFRP 布顺粘结向中心线提取不同荷载水平下的 CFRP 表面应变，如图 8.3 所示。从图中可以看出，应变随着与节点间隙的距离增大呈指数递减。随着荷载水平的上升，加载端与自由端的应变差异逐渐增大，在达到失效荷载前，由于 CFRP 持荷端由于 CFRP/胶结界面（附带浅层碳纤维）开始破坏，持荷端前端局部应力集中，应变急剧增大。

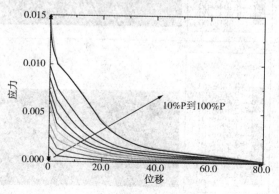

图 8.3　CF1-80 试件 CFRP 表面应变

8.2.3　试验全过程应力分析

　　CF1-80 试件达到极限荷载前各部分材料的 mises 应力分布见表 8.2。从表中可以看到，CFRP 的应力接近其极限拉应力 2650MPa。胶黏剂达到 31.4MPa 亦接近其抗拉强度 32MPa，两胶结界面应力在 30.3~31.5MPa 范围内且应力已向自由端迁移。钢板应力 191MPa 未发生屈服。整个构件 CFRP 与胶接部分的强度得到充分发挥。

表 8.2　CF1-80 试件应变分布

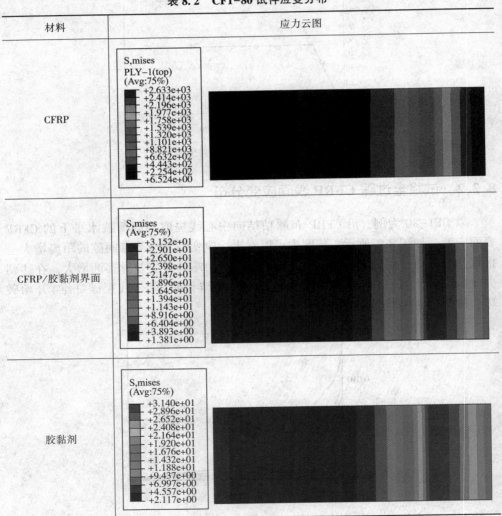

续表

材料	应力云图
CFRP/胶黏剂界面	
钢板	

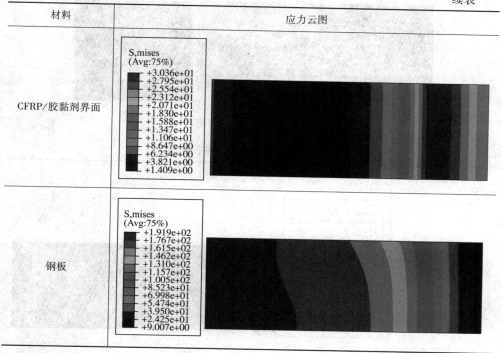

8.2.4　试验全过程损伤分析

　　根据连续损伤理论应用[4]探索对其试件失效模式见图 8.4。从图中可以看到，破坏形式为碳纤维撕裂且伴有 CFRP/胶界面的失效。CF1-80 试件各组件损伤情况见表 8.3。结果表明，失效前 CFRP 纤维损伤判据 $HSNFTCRT_{max} = 1$，纤维开始出现损伤退化，右下角纤维损伤变量 $DAMAGEFT_{max} = 0.409$，纤维局部已经发生损伤；同时，CFRP 树脂基体拉伸损伤判据 $HSNMTCRT_{max} = 1$，树脂基体亦进入损伤退化，CFRP 树脂基体拉伸损伤 $DAMAGEFT_{max} = 0.19$，处于 CFRP 持荷端的树脂基体已经产生损伤；CFRP/胶黏剂界面损伤判据 $QUADSCRT_{max} = 1$，前端 20mm 范围内大量胶接界面进入损伤阶段，CFRP/胶黏剂界面刚度退化因子 $SDEG_{max} = 0.94$，表明此部分界面几乎退出工作，界面即将脱粘；胶黏剂损伤判据 $DUCTCRT_{max} = 0.15$，胶黏剂并未出现实质损伤。以上损伤模拟的情况与试验失效情况一致，吻合较好。

图 8.4　试件失效形态

表 8.3　CF1–80 试件各组件损伤情况

失效前损伤情况	损伤云图
CFRP 纤维损伤判据 $HSNFTCRT_{max} = 1$	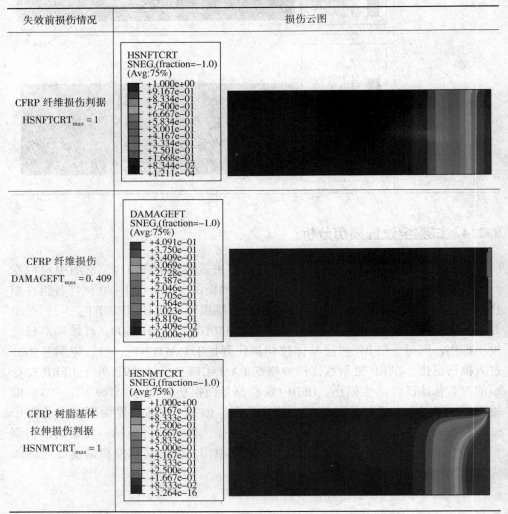
CFRP 纤维损伤 $DAMAGEFT_{max} = 0.409$	
CFRP 树脂基体 拉伸损伤判据 $HSNMTCRT_{max} = 1$	

续表

失效前损伤情况	损伤云图
CFRP 树脂基体 拉伸损伤 DAMAGEFT$_{max}$ = 0.19	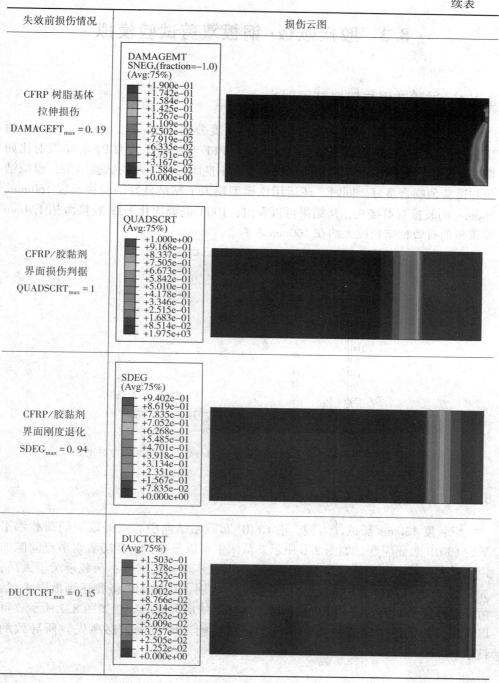
CFRP/胶黏剂 界面损伤判据 QUADSCRT$_{max}$ = 1	
CFRP/胶黏剂 界面刚度退化 SDEG$_{max}$ = 0.94	
DUCTCRT$_{max}$ = 0.15	

8.3 胶接碳板–钢板双剪试验模拟

8.3.1 试验结果与模拟结果对比

根据损伤模拟方法建立在常温下胶接长度分别为 50mm、80mm、120mm 的 HJY 胶接双剪试件的损伤模型。模拟承载力 PFE 与试验承载力 PExp 结果对比如图 8.5 所示。由图中可以看到，剔除因界面不良而提前失效的试验结果，模拟结果与试验值吻合良好。同时，还运用该模型模拟了粘结良好的胶接长度 160mm、200mm 的胶接双剪接头，从结果可以看出，100℃高温固化 HJY 胶接海拓 1.4mm 厚碳板的有效粘结长度大约在 160mm 左右。

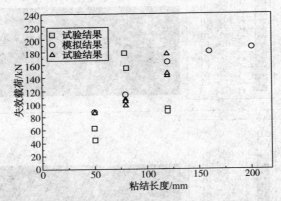

图 8.5 不同粘结长度试件试验承载力与数值模拟承载力对比

8.3.2 试验全过程 CFRP 表面应变分布

以长度 120mm 长试件为例，沿 CFRP 布顺粘结向中心线提取不同荷载水平下的 CFRP 表面应变，如图 8.6 所示。从图中可以看出，应变随着与节点间隙的距离增大而减小。当荷载水平在 90% 以内时，应变均匀增加；荷载继续增大后，加载端 40mm 后的 CFRP 的应变增幅变大，表明前段 CFRP 将要达到极限承载，荷载向后传递。失效前 CFRP 在粘结段内各层的最大纵向应变如图 8.7 所示。可以看到，碳板各层应变分布并不均匀，这可能是即将发生层离失效所导致的结果。

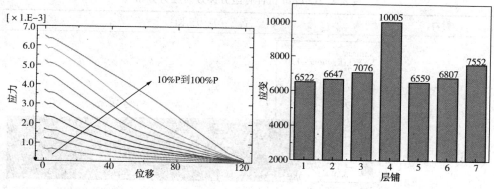

图 8.6　120mm 试件 CFRP 表面应变　　　　图 8.7　120mm 试件 CFRP 各层最大纵向应变

8.3.3　试验全过程应力分析

CF1-80 试件达到极限荷载时的 mises 应力分布见图 8.8。由图中可以看到，CFRP 的应力最大值为 1628MPa，但碳板表面的应力并不大，仅为 1000MPa。各部分材料的 mises 应力分布见表 8.4。结果表明，不同层 CFRP 间应力差异较大。CFRP 底层/次底层界面应力失效前峰值仅 24.1MPa，因此，该碳板层间强度较弱，导致 CFRP 的抗拉强度未能完全发挥。两胶结界面应力在 30.5~31.4MPa 范围内，且应力均在其传递起始端发生集中。胶黏剂达到 29.3MPa，尚未接近其抗拉强度 34.5MPa，钢板应力 278.3MPa 未发生屈服。从失效前的应力分析可知，失效将发生在 CFRP 层间或两胶接界面。

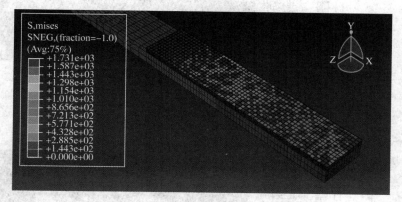

图 8.8　120mm 试件失效前 mises 应力云图

表 8.4　120mm 试件各组分失效前应力分布

材料	应力云图
CFRP 表层	
CFRP 第 4 层	
CFRP 底层	
CFRP 底层／次底层界面	

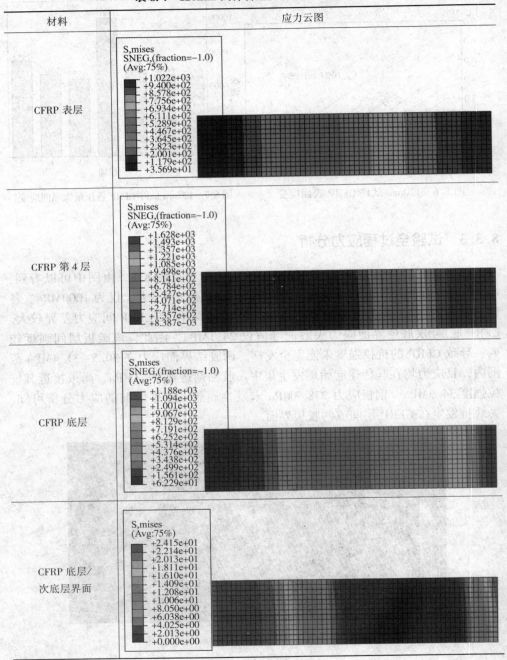

续表

材料	应力云图
CFRP/胶黏剂界面	
胶黏剂	
钢/胶黏剂界面	
钢板	

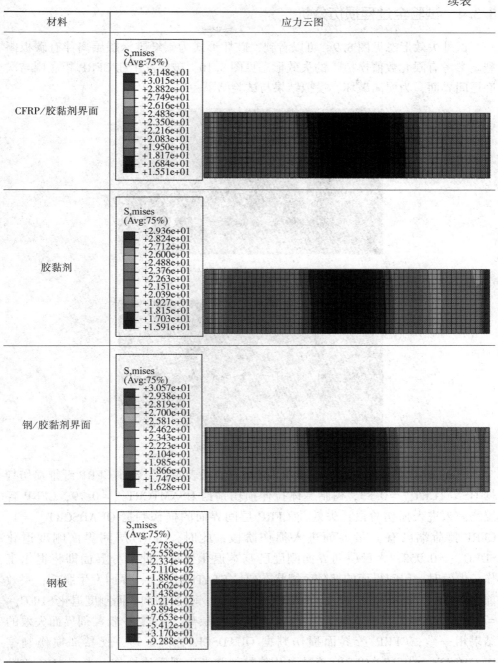

8.3.4　试验全过程损伤分析

试件失效形态见图 8.9。可以看到，破坏形式为碳纤维深层层离伴有碳板撕裂。参考有限元数值模拟[5]的失效形态见图 8.10，破坏发生在 CFRP 板底层与次底层间界面，为层离破坏，模拟结果与试验结果一致。

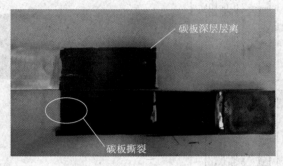

图 8.9　试验失效形态

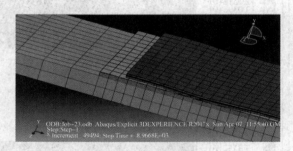

图 8.10　模拟失效形态

CF1-80 试件各组件损伤情况见表 8.5。结果表明，失效前 CFRP 纤维损伤判据 $HSNFTCRT_{max} = 0.83$，树脂基体拉伸损伤判据 $HSNMTCRT_{max} = 0.79$，CFRP 各层均尚未进入损伤阶段；失效前 CFRP 层间界面的损伤判据 $QUADSCRT_{max} = 1$，CFRP 持荷端已有大量界面进入损伤阶段，此时，CFRP 层间界面刚度退化 $SDEG_{max} = 0.958$，大量层间界面刚度已基本退化殆尽，此部分界面即将退出工作。失效时，层间界面的部分区域状态变量 $STATUS_{min} = 0$，界面发生脱粘；失效前，钢/胶黏剂界面损伤判据 $QUADSCRT_{max} = 1$，钢/胶黏剂界面刚度退化 $SDEG_{max} = 0.981$，该结果与试验当中部分试件出现一侧层离、一侧钢/胶黏剂界面失效的结果相一致；CFRP/胶界面损伤判据 $QUADSCRT_{max} = 0.99$，胶黏剂损伤判据 $DUCTCRT_{max} = 0.15$，CFRP/胶界面及胶黏剂并未出现实质损伤，表明 HJY 胶粘结 CFRP 性能良好。以上损伤模拟的情况与试验失效情况一致，吻合较好。

表 8.5　CF1-80 试件各组件损伤情况

失效前损伤情况	损伤云图
CFRP 纤维 损伤判据 $HSNFTCRT_{max} = 0.83$	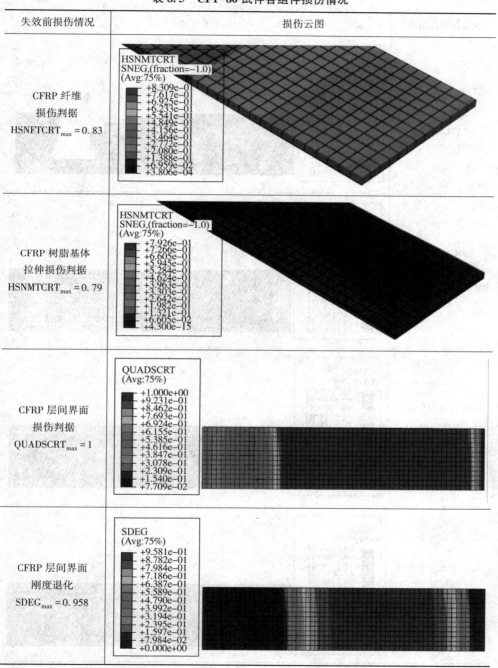
CFRP 树脂基体 拉伸损伤判据 $HSNMTCRT_{max} = 0.79$	
CFRP 层间界面 损伤判据 $QUADSCRT_{max} = 1$	
CFRP 层间界面 刚度退化 $SDEG_{max} = 0.958$	

续表

失效前损伤情况	损伤云图
CFRP 层间界面状态变量 $STATUS_{min} = 0$	STATUS (Avg:75%) +1.000e+00 +9.167e-01 +8.333e-01 +7.500e-01 +6.667e-01 +5.833e-01 +5.000e-01 +4.167e-01 +3.333e-01 +2.500e-01 +1.667e-01 +8.333e-02 +0.000e+00
CFRP/胶黏剂界面损伤判据 $QUADSCRT_{max} = 0.99$	QUADSCRT (Avg:75%) +9.908e-01 +9.349e-01 +8.790e-01 +8.231e-01 +7.672e-01 +7.113e-01 +6.554e-01 +5.995e-01 +5.436e-01 +4.877e-01 +4.318e-01 +3.759e-01 +3.199e-01
钢/胶黏剂界面损伤判据 $QUADSCRT_{max} = 1$	QUADSCRT (Avg:75%) +1.000e+00 +9.481e-01 +8.962e-01 +8.442e-01 +7.923e-01 +7.404e-01 +6.885e-01 +6.366e-01 +5.846e-01 +5.327e-01 +4.808e-01 +4.289e-01 +3.770e-01
钢/胶黏剂界面刚度退化 $SDEG_{max} = 0.981$	SDEG (Avg:75%) +9.819e-01 +9.001e-01 +8.183e-01 +7.365e-01 +6.546e-01 +5.728e-01 +4.910e-01 +4.091e-01 +3.273e-01 +2.455e-01 +1.637e-01 +8.183e-02 +0.000e+00

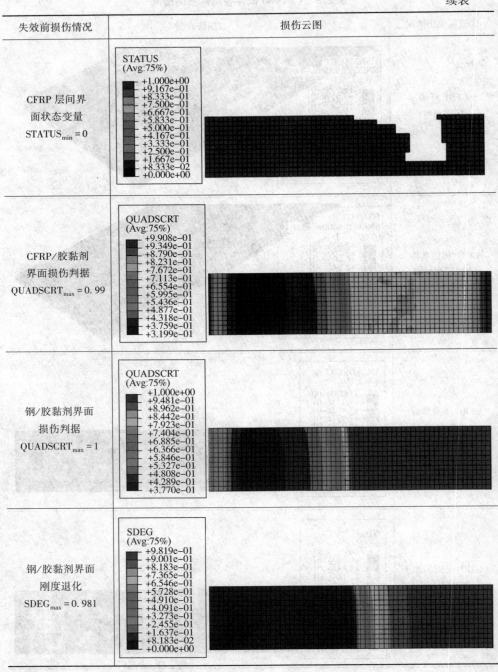

续表

失效前损伤情况	损伤云图
DUCTCRT$_{max}$ = 0.15	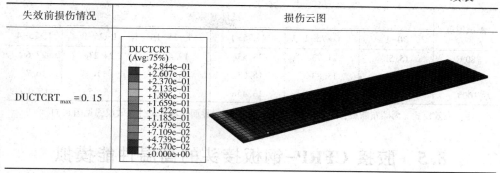

8.4　试验概述

Chandrathilaka 等[3]考虑固化温度的影响进行了不同温度条件下 CFRP/环氧树脂/钢体系的粘结性能试验研究，且研究中提供了不同温度下 A420 胶黏剂胶接 X-Wrap C300 型高强碳布接头的详细材料参数。本章将以其数据为基础进行模拟。

8.4.1　试验方案

按照表 8.6 所示的 6 种不同初始养护条件，制备 CFRP/钢双搭接接头。所有试件经高温初始固化后，室温固化 7 天。然后提高测试阶段的环境温度，直到胶结层达到不同的预定温度水平：30℃、50℃、60℃、70℃、80℃、90℃和 100℃。待接头温度稳定 10min 后，施加拉力加载直至失效。

8.4.2　试验结果

各养护温度试件在不同温度条件下，粘结长度为 140mm 的 CFRP/钢双搭接接头的极限强度见表 8.6。

表 8.6　各养护温度试件在不同温度条件下试件的极限强度　　　　　　kN

测试温度	试件编号					
	30-1	O-75-1	L-75-1	L-55-1	L-75-2	L-75-4
30℃	36.83a	38.63b	38.6b	37.15b	41.35b	40.05a
50℃	33.4b	35.62b	37.6b	34.43b	35.95b	37.8b
60℃	26.05b	26.2b	33.65b	31.9c	30.4b	33.6c
70℃	21.18b	25b	28.05b	23.83c	27.6b	31.13c

测试温度	试件编号					
	30-1	O-75-1	L-75-1	L-55-1	L-75-2	L-75-4
80℃	15.5b	21.73c	23.55c	19.45c	24.23c	27.6c
90℃	15.63c	13.83c	16.03c	13.15c	17c	16.7c
100℃	–	9.1c	13.45c	14.45c	15.65c	15.05c

注：失效模式 a 为碳布断裂；b 为碳布撕裂；c 为胶/钢板界面破坏。试件失效模式见图 8.11。

8.5 胶接 CFRP-钢板接头的高温性能模拟

8.5.1 不同温度下材料参数确定

表 8.7 列出在常温下所测量的三种材料的基本力学特性。由于胶粘剂组分对温度十分敏感，因此，在模型中考虑粘接剂材料性能随温度退化，表 8.8 列出在不同固化条件下胶黏剂温度力学性能参数，参见 Chandrathilaka[3] 和 Biscaia[6] 的文献。模拟时假设在试验温度范围内钢材和 CFRP 的力学性能的退化可以忽略。

表 8.7 常温下材料基本力学性能

性能	钢材	胶黏剂	CFRP
平均拉伸强度/MPa	583	25	1575
平均极限应变	0.065	0.043	0.009
平均弹性模量/GPa	200	0.579	175.62
平均泊松比	0.3	0.3	0.3

表 8.8 不同固化条件下胶黏剂温度力学性能参数

		试验温度							
		30℃	40℃	50℃	60℃	70℃	80℃	90℃	100℃
抗拉强度 /MPa	A	24.7	22.6	22.6	17.5	14.2	10.4	10.5	9.4
	OH1	26.4	24.6	24.6	18.9	17.1	14.8	9.4	6.7
	FH1	26.4	25.8	25.8	22.9	19.3	15.9	11.2	9.3
	FL1	25.5	23.4	23.4	21.7	16.2	13.2	8.8	9.8
	FH2	28.1	24.8	24.8	20.7	18.8	16.3	11.5	10.6
	FH4	27.2	25.7	25.7	22.8	21.0	18.6	11.3	10.2

		试验温度							
		30℃	40℃	50℃	60℃	70℃	80℃	90℃	100℃
弹性模量 /MPa	A	974	936	881	742	561	403	364	
	OH1	1043	1018	982	859	695	507	326	252
	FH1	1040	1018	993	903	744	588	422	367
	FL1	999	974	947	876	723	572	438	329
	FH2	1111	1103	1075	971	744	559	446	334
	FH4	1075	1051	1040	980	848	586	444	323
泊松比	A	0.30	0.29	0.29	0.27	0.25	0.22	0.22	0.21
	OH1	0.32	0.32	0.31	0.29	0.27	0.25	0.22	0.21
	FH1	0.31	0.30	0.30	0.29	0.26	0.24	0.24	0.22
	FL1	0.32	0.31	0.31	0.29	0.27	0.21	0.21	0.20
	FH2	0.34	0.34	0.33	0.32	0.28	0.24	0.23	0.21
	FH4	0.33	0.33	0.32	0.32	0.29	0.25	0.22	0.21

注：A系列为30℃养护7天；OH1为恒温箱中70℃初始固化1h后常温养护7天；FH1、FH2、FL4分别表示卤素灯照射70℃初始固化1h、2h、4h后常温养护7天。

由于文献中仅给出了胶粘剂随温度及固化条件变化的力学性能参数，故本文拟根据其结构响应反复试算的方式，获得胶结界面的性能变化。因计算量较大，本文仅给出养护条件为30天不同温度条件下及测试温度为80℃不同养护系列的 cohesive 单元参数。各条件下 cohesive 单元的参数见表8.9及表8.10。所获取材料参数与结构的尺寸无关。因此，模拟参数可用于指导以后胶接 CFRP—钢结构的设计与应用。

表8.9 胶/钢材胶结界面 cohesive 单元力学性能参数

分组	ρ/ (t·mm³)	Enn/ (MPa/mm)	Ett/ (MPa/mm)	Ess/ (MPa/mm)	σⅠ/ MPa	σⅡ/σⅢ/ MPa	G1/ (N/mm)	G2/G3/ (N/mm)
30-1-30℃	1.1	2745	1017	1017	32	18	0.22	2.8
30-1-50℃	1.1	2050	810	810	25	13	0.22	2.7
30-1-60℃	1.1	1350	660	660	19	10	0.22	1.8
30-1-70℃	1.1	1000	514	514	13	8.1	0.22	1.15
30-1-80℃	1.1	870	870	407	7	5.6	0.22	0.6
30-1-90℃	1.1	401	401	209	2.9	4.8	0.22	0.62
L-55-1-80℃	1.1	980	574	574	12	8.4	0.22	0.92
O-75-1-80℃	1.1	1450	800	800	13	8	0.22	1.2

续表

分组	ρ/ （t·mm³）	Enn/ （MPa/mm）	Ett/ （MPa/mm）	Ess/ （MPa/mm）	σⅠ/ MPa	σⅡ/σⅢ/ MPa	G1/ （N/mm）	G2/G3/ （N/mm）
L-75-1-80℃	1.1	1560	830	830	14	9.2	0.22	1.3
L-75-2-80℃	1.1	1710	846	846	14.6	9.3	0.22	1.52
L-75-4-80℃	1.1	1650	891	891	17	10.1	0.22	1.89

表 8.10　CFRP/胶界面 cohesive 单元力学性能参数

分组	ρ/ （t·mm³）	Enn/ （MPa/mm）	Ett/ （MPa/mm）	Ess/ （MPa/mm）	σⅠ/ MPa	σⅡ/σⅢ/ MPa	G1/ （N/mm）	G2/G3/ （N/mm）
30-1-30℃	1.1	2745	1017	1017	32	18.5	0.22	3.43
30-1-50℃	1.1	2050	810	810	27	13	0.22	2.7
30-1-60℃	1.1	1650	660	660	23	10	0.22	1.8
30-1-70℃	1.1	1000	514	514	18	8.3	0.22	1.2
30-1-80℃	1.1	870	407	407	9	5.6	0.6	0.6
30-1-90℃	1.1	401	209	209	4.7	5.1	0.63	0.63
L-55-1-80℃	1.1	980	574	574	12	8.6	0.22	1.18
O-75-1-80℃	1.1	1450	620	620	13	8.1	0.22	1.28
L-75-1-80℃	1.1	1560	710	710	14	9.3	0.22	1.4
L-75-2-80℃	1.1	1700	846	846	14.6	9.4	0.22	1.66
L-75-4-80℃	1.1	1650	891	891	17	10.2	0.22	2.12

8.5.2　模型创建

采用损伤模拟方法创建不同温度、不同养护条件的试验模型。参考 Al-Zubaidy[7]文献中动态拉伸载荷作用下 CFRP 的有限元模拟，在温度影响下胶接 CFRP-钢结构损伤模拟模型如图 8.11 所示，具体工况见表 8.11。

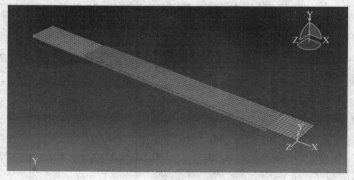

图 8.11　试验模型

表 8.11 温度影响下胶接 **CFRP-钢结构损伤模拟工况分组**

分组	温度 /℃	养护条件	胶层 厚度 /mm	CFRP 厚度 /mm	CFRP 弹模 /GPa	CFRP 强度 /MPa	CFRP 类型
30-30	30	30℃养护 7 天	0.5	0.166	175.6	4000	X-WrapC300 高强碳布
30-50	50	30℃养护 7 天	0.5	0.166	175.6	4000	X-WrapC300 高强碳布
30-60	60	30℃养护 7 天	0.5	0.166	175.6	4000	X-WrapC300 高强碳布
30-70	70	30℃养护 7 天	0.5	0.166	175.6	4000	X-WrapC300 高强碳布
30-80	80	30℃养护 7 天	0.5	0.166	175.6	4000	X-WrapC300 高强碳布
30-90	90	30℃养护 7 天	0.5	0.166	175.6	4000	X-WrapC300 高强碳布
0-75-1-80	80	75℃恒温养护 1h 后养护 7 天	0.5	0.166	175.6	4000	X-WrapC300 高强碳布
L-75-1-80	80	75℃照射养护 1h 后养护 7 天	0.5	0.166	175.6	4000	X-WrapC300 高强碳布
L-75-2-80	80	75℃照射养护 2h 后养护 7 天	0.5	0.166	175.6	4000	X-WrapC300 高强碳布
L-75-4-80	80	75℃照射养护 4h 后养护 7 天	0.5	0.166	175.6	4000	X-WrapC300 高强碳布
L-55-1-80	80	55℃照射养护 1h 后养护 7 天	0.5	0.166	175.6	4000	X-WrapC300 高强碳布

8.6 常规养护下工作温度对接头性能的影响

8.6.1 工作温度对失效模式与失效荷载的影响

根据王宝来等[8]对各试件的失效分析和预防研究，不同温度条件下各试件的失效情况和失效模式见图 8.12。结果表明，随着温度的升高，失效模式发生改变。试验温度为 30℃时，接头的失效模式为 CFRP 断裂，碳布的强度得到最大的发挥；试验温度在 50~80℃区间内时，失效模式转变为 CFRP 的表层层离，即 CFRP/胶黏剂界面的破坏。当温度到达 90℃时，发生钢板/胶界面破坏。并且随着试验温度的升高，失效荷载逐渐降低，且在温度超过 A420 胶黏剂的玻璃转化温度后，下降幅度最大。

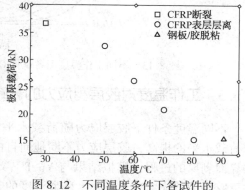

图 8.12 不同温度条件下各试件的
失效情况和失效模式

8.6.2　工作温度对 CFRP 表面应变的影响

　　不同温度条件下各试件失效前碳纤维表面的应变分布如图 8.13 所示。结果表明，随着试验温度的升高，CFRP 表面应变逐渐下降，从图中可以明显看到应变随荷载及温度的分布特性。A420 试件在整个加载过程中可以看到明显的损伤过程，随着拉伸试验的进行，当荷载水平达到极限荷载后，前端 CFRP 与钢之间的胶接逐步失效，前端荷载全部由 CFRP 承担，继续位移加载，界面不断剥离，最终结构完全失效。

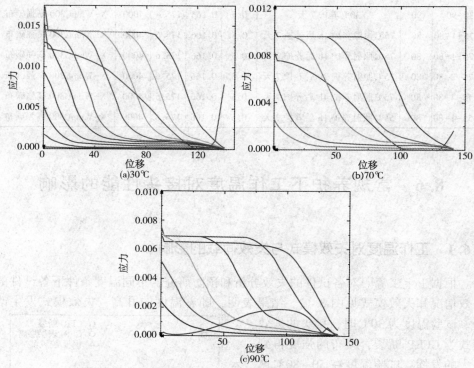

图 8.13　不同工作温度下各试件 CFRP 表面沿长度方向应变分布

8.6.3　工作温度对胶层剪应力的影响

　　不同温度条件下胶层应力随荷载水平的分布如图 8.14 所示。结果表明，随着荷载水平的提高，胶层应力不断地向自由端传递，从图中可以很清楚地看到试件界面剥离的过程，模拟结果与 Yu T[9] 文献报道规律一致。同时，不同温度条件下胶层的剪应力变化较大，随着温度的升高，界面剪应力持续减小，结构的荷载传递效率降低。

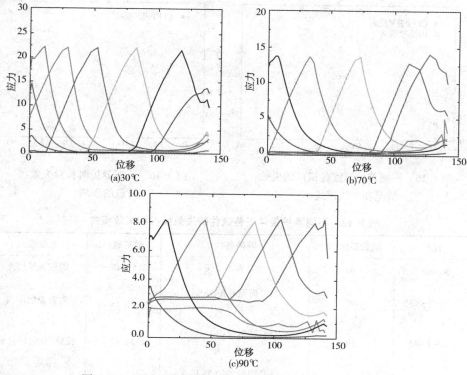

图 8.14 不同工作温度下胶层剪应力沿长度方向应力分布

8.7 不同养护条件对接头性能的影响

8.7.1 养护条件对失效荷载的影响

不同养护条件下，在80℃试验条件下各试件的失效情况和失效模式见图8.15、图8.16。结果表明，不同的养护温度下试件的失效模式不同，如表8.12所示。养护温度为30℃时，80℃下进行拉伸，接头的失效模式为CFRP表层层离，即CFRP/胶黏剂界面的破坏；当养护温度到达55℃后，失效模式转变为胶粘剂/钢材脱粘，且随着养护温度升高至55℃和75℃，胶接接头的失效荷载分别提高24.6%和51.6%；失效荷载随养护时长的延长亦明显提高。因此，在条件允许的范围内，提高胶接CFRP-钢结构的养护温度及养护时长对改善结构的耐高温性能有较大帮助。

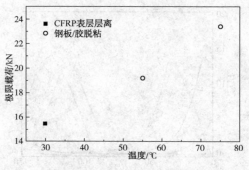

图 8.15　不同养护温度各试件的失效
情况和失效模式

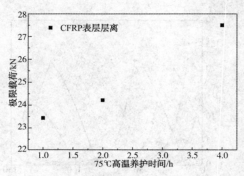

图 8.16　高温养护时长对失效
荷载的影响

表 8.12　不同养护条件下各试件的失效情况和失效模式

分组	试验温度/℃	养护条件	失效荷载/kN	失效模式
30-80	80	30℃养护 7 天	15.47	碳板表层层离
0-75-1-80	80	75℃恒温养护 1h 后养护 7 天	21.73	碳板表层层离
L-75-1-80	80	75℃照射养护 1h 后养护 7 天	23.45	胶粘剂/钢材脱粘
L-75-2-80	80	75℃照射养护 2h 后养护 7 天	24.23	胶粘剂/钢材脱粘
L-75-4-80	80	75℃照射养护 4h 后养护 7 天	27.5	胶粘剂/钢材脱粘
L-55-1-80	80	55℃照射养护 1h 后养护 7 天	19.27	胶粘剂/钢材脱粘

8.7.2　养护条件对 CFRP 表面应变的影响

　　三种不同养护温度条件下，80℃试验试件碳纤维表面的应变分布随荷载水平的变化如图 8.17 所示。结果表明，随着养护温度的升高，CFRP 表面应变逐渐提升。提高养护温度可以使得胶接 CFRP-钢试件的承载能力提升。三种不同养护时间条件下，80℃试验试件碳纤维表面的应变分布随荷载水平的变化如图 8.18 所示。可以得到，随高温养护时长的提高，CFRP 表面应变极限增大，因此，适当增加养护时长能有效提高胶接 CFRP-钢试件在高温下的力学性能表现。

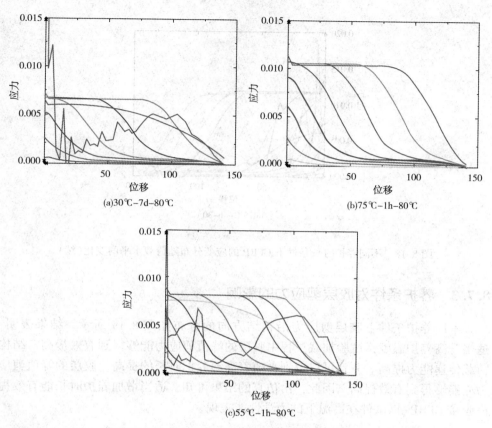

(a)30℃–7d–80℃

(b)75℃–1h–80℃

(c)55℃–1h–80℃

图 8.17 不同养护温度条件下的 CFRP 应变分布随荷载水平的变化

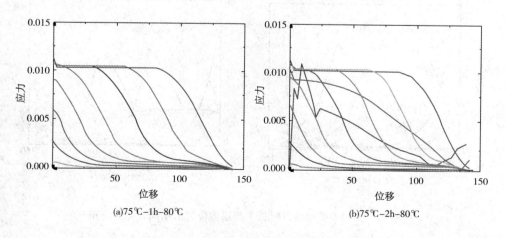

(a)75℃–1h–80℃

(b)75℃–2h–80℃

图 8.18 不同养护时长条件下 CFRP 的应变分布随荷载水平的变化

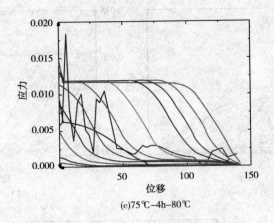

(c)75℃-4h-80℃

图 8.18　不同养护时长条件下 CFRP 的应变分布随荷载水平的变化(续)

8.7.3　养护条件对胶层剪应力的影响

　　不同养护条件下胶层剪应力沿粘结方向的分布如图 8.19 所示。结果表明，适当升高养护温度，试验加载过程中胶层的峰值剪应力能够得到有效提高。结构荷载传递能力提高。并且可以得到，随着高温养护时长的提高，胶层的峰值剪应力亦能够得到有效提高。因此，由仿真的结果可知，适当增加养护时长能有效提高胶接 CFRP-钢试件在高温下的力学性能表现。

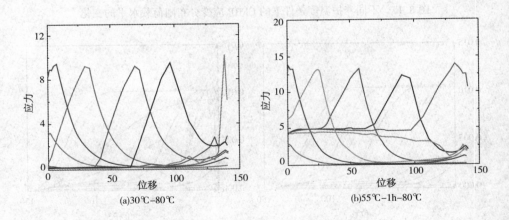

(a)30℃-80℃　　　　　　　　　　　(b)55℃-1h-80℃

图 8.19　不同养护温度及时长下胶层剪应力沿粘结方向的分布

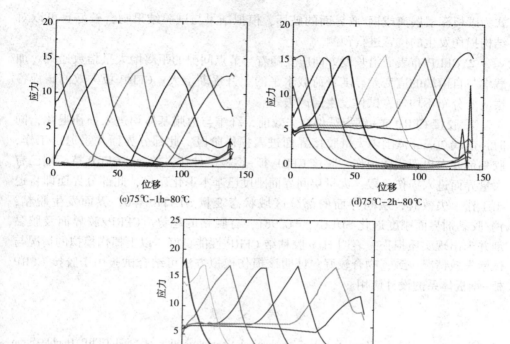

图 8.19 不同养护温度及时长下胶层剪应力沿粘结方向的分布(续)

8.8 结 论

利用胶接 CFRP-钢接头的损伤模拟方法对不同温度条件下 A420 胶接 CFRP 钢结构进行了模拟，参考文献[10]对连续介质损伤力学分析研究，并得出了工作温度及养护条件对胶接 CFRP-钢接头高温力学力学性能的影响规律。结果表明，随着工作温度的升高，CFRP 表面应变分布将变广，且界面剪应力峰值下降，导致高温下胶接接头力学性能劣化；适当提高养护温度及高温养护时长，能够使剪应力峰值上升，界面传力效率提高。研究成果可为胶接 CFRP-钢结构设计提供参考。

① 通过本文试验及已有文献报道的试验结果及数据对 CDM 模型进行了验证，本模型模拟碳布试验失效模式为碳纤维的浅层层离或撕裂，碳板试验失效模

式为碳板深层层离或钢/胶界面的破坏，模拟结果与试验结果吻合较好且可以对结构损伤发生的位置进行预测。

② CFRP 布表面沿长度方向应变随着与节点间隙的距离增大呈指数递减。加载端与自由端的应变差异随着荷载水平的上升逐渐增大。CFRP 板失效前碳板各层应变分布不均匀，试件发生层离失效。

③ 胶接 CFRP 布-钢板试件在失效前，纤维与树脂基体均进入损伤退化，同时，前端 20mm 范围内大量胶接界面进入损伤阶段，此部分界面几乎退出工作，胶黏剂并未出现实质损伤；胶接 CFRP 板-钢板试件在失效前，CFRP 持荷端已有大量界面进入损伤阶段，大量层间界面刚度已基本退化殆尽，此部分界面即将退出工作。失效时，层间界面的部分区域状态变量 STATUS = 0，界面发生脱粘，钢/胶黏剂界面刚度退化 $SDEG_{max} = 0.981$，有脱粘的趋势。CFRP/胶界面及胶黏剂并未出现实质损伤，表明 HJY 胶粘结 CFRP 性能良好。以上损伤模拟的情况与试验失效情况一致，吻合较好。证明该损伤模拟方法可结合试验用于胶接 CFRP 板-钢板体系的设计应用。

参 考 文 献

[1] Nguyen T, Bai Y, Zhao X, et al. Mechanical Characterization of Steel/CFRP Double Strap Joints at Elevated Temperatures[J]. Composite Structures, 2011, 93(6): 1604-1612.

[2] Gamage K, Al-Mahaidi R, Wong B. Fe Modelling of CFRP-concrete Jnterface Subjected to Cyclic Temperature, Humidity and Mechanical Stress[J]. Composite Structures, 2010, 92(4): 826-834.

[3] Chandrathilaka E R K, Gamage J C P H, Fawzia S. Mechanical Characterization of CFRP/Steel Bond Cured and Tested at Elevated Temperature[J]. Composite Structures, 2019, 207: 471-477.

[4] 唐雪松, 郑健龙, 蒋持平著. 连续损伤理论与应用[M]. 北京: 人民交通出版社, 2006.

[5] 曹金凤, 石亦平著. ABAQUS 有限元分析常见问题解答[M]. 北京: 机械工业出版社, 2009.

[6] Biscaia H C. The Influence of Temperature Variations on Adhesively Bonded Structures: A nonlinear Theoretical Perspective[J]. International Journal of Non-Linear Mechanics, 2019.

[7] Al-Zubaidy H, Al-Mahaidi R, Zhao X. Finite Element Modelling of CFRP/Steel Double Strap Joints Subjected to Dynamic Tensile Loadings[J]. Composite Structures, 2013, 99: 48-61.

[8] 王宝来, 吴世平, 梁军. 复合材料失效及其强度理论[J]. 失效分析与预防, 2006, 1(2): 13-19.

[9] Yu T, Fernando D, Teng J G, et al. Experimental Study on CFRP-to-steel Bonded Interfaces [J]. Composites Part B: Engineering, 2012, 43(5): 2279-2289.

[10] L. M. 卡恰诺夫著. 连续介质损伤力学引论[M]. 杜善义, 王殿富译. 哈尔滨: 哈尔滨工业大学出版社, 1989.